KB090848

쉽게 배우는
통계학

구로세 나오코 지음
쉽게 배우는 통계학 제작위원회 감수
이강덕 감역 I 김선숙 옮김

BM (주)도서출판 **성안당**

日本 옴사 · 성안당 공동 출간

Original Japanese Language edition
NEKO TO HAJIMERU TOKEIGAKU
Supervised by "Neko to Hajimeru Tokeigaku" Seisaku Iinkai
by Naoko Kurose
Copyright ⓒ Naoko Kurose 2019
Published by Ohmsha, Ltd.
Korean translation rights arrangement with Ohmsha, Ltd.
through Japan UNI Agency, Inc., Tokyo

Korean translation copyright ⓒ 2020 by Sung An Dang, Inc.

들어가며

근로통계조사를 하는 후생노동성 통계가 정확하지 않아 문제가 된 적이 있었다. 대다수의 언론에서는 부정 행위 자체에 주목했을 뿐 통계학적으로 어떠한 문제가 있는지, 올바른 평가를 하려면 어떻게 해야 되는지에 대해서는 그다지 관심이 없는 것처럼 보였다.

수식이 많이 나오는 통계학에 접근하기가 쉽지 않다는 것은 부정할 수 없다. 나 역시도 통계학에는 별로 자신이 없다 보니 통계학 책을 펼쳐 놓고는 수식이 나열되어 있는 부분을 보다가 덮어버린 적도 한두 번이 아니다. 수치나 그래프를 해석하기가 고통스러웠던 적도 많았다. 자세히 읽기가 힘들어 대충 훑어보기만 한 통계학 책이 몇 권이나 쌓여 있다(아마 나와 같은 사람이 적지 않을 것이다).

우리는 편찻값이나 경제 전망, 선거 결과 예측이나 시청률 등 통계에 관계된 정보를 수없이 접하며 살아간다. 통계학 없이는 살아가기가 곤란할 정도다. 그 때문에 많은 기업들이 통계 분석에 능통한 인재를 찾고 있으며, 대학에서도 일반교양 과목으로 통계학을 가르치고 있다.

이 책은 통계학을 공부하고 싶지만 어려워서 손을 대지 못하고 있거나 어렵지만 기초적인 것 정도는 알고 싶어 하는 사람들을 위해 집필했다. 내가 공부해서 알게 된 것을 예제를 풀어가는 과정을 통해 이해할 수 있도록 했다.

나는 동물 중에서도 특히 고양이를 좋아한다. 그래서 고양이와 함께 공부하는 방식으로 이 책을 구성했다. 그리고 고양이와 생물에 관한 예제를 넣어 고양이와 생물을 공부하는 사이에 기본적인 통계학을 익히는 일석삼조의 효과를 얻을 수 있게 했다.

수식과 그래프가 많으면 접근하기 쉽지 않기 때문에 수식과 그래프는 가능하면 줄이고 만화나 일러스트를 사용해 알기 쉽게 설명했다. 특히 고양이에 대해 깊이 생각하고 싶어 고양이 관련 내용을 포함시켰다. 통계학과는 관계도 없는 내용을 무리하게 만화로 만들었지만 고양이를 좋아하는 사람이 알아두면 좋은 내용이다. 뭔가 마음에 남는 것이 있었으면 좋겠다.

이 책을 쓰기로 결정한 순간에도 생물학자인 내가 통계학 책을 과연 끝까지 마무리할 수 있을까 불안했다. 돌이켜보면 반성해야 할 것도 많다. 계산을 쉽게 하려고 일반적이지 않은 사례를 만들고는 제작 담당자에게 의도를 제대로 전달하지 못했고, 처음 해보는 익숙하지 않은 작업에 많은 시간을 허비하다 스케줄을 압박하는 등 손을 꼽자면 한이 없을 정도다. 그래도 이렇게 책으로 만들어져 세상에 나오게 되어 다행스럽게 생각한다.

큰 수확이 있다면 통계학에 자신이 없었던 내가 정면으로 통계학에 맞서게 되었다는 점이다. 계산 방식이나 평가 방법을 제삼자에게 알기 쉽게 전달하는 작업은 스스로 얻은 데이터를 평가해서 학술 논문으로 만드는 작업과는 다르다. 그동안은 데이터를 입력하고 컴퓨터로 계산한 결과 원하는 값이 얻어지면 그것으로 그만이었던, 그냥 도구로밖에 여기지 않던 통계학을 더욱 가깝게 느낄 수 있게 되었다.
그리고 만화에 등장하는 인물들의 이름을 지어주고 몇몇 일러스트를 그리는 일에도 도전해보면서 책을 만드는 어려움을 직접 느낄 수 있는 좋은 경험을 해보았다.

이런 기회를 준 이 책에, 그리고 통계학 내용을 확인해준 마츠요시 미키 씨와 나의 졸작을 만화로 만들어준 만화가 아키모토 나오미 씨, 일러스트를 그려준 일러스트레이터 이즈모리 요 씨, 이 책을 제작해준 편집 프로덕션 톱 스튜디오 시미즈 츠요시 대표이사와 편집부 여러분에게 진심으로 감사드린다. 내팽개치지 않고 마지막까지 잘 이끌어준 옴사 츠쿠이 야스히코 편집국장과 이 책을 손에 들고 있는 여러분에게도 고마운 마음을 전하고 싶다.

2019년 4월

구로세 나오코

차례

냥이, 냥이 선배를 만나다

나를 '냥이 선배'라고 불러줄래?

난 '냐오'야.

냥이는 왜 그런 곳에 있었지?

엄마는 사람들한테 붙잡혀 갔고

형과 여동생은 병과 사고로 둘 다 죽었어요.

외톨이가 됐다는 게 너무나 서글퍼서

그냥 돌아다니다가…

그렇구나. 아무튼 오늘은 아무 생각하지 말고 자.

우선 감기가 나아야 하니까.

잘 자

감기가 옮으면 안 되니까 우린 다른 방에서 자야겠다. 미안.

먹지 못해 비실거리던 냥이가 보호를 받게 되어 다행이다. 감기 치료도 받고 따뜻한 곳에서 영양가 있는 밥을 먹을 수 있으니 이제 걱정하지 않아도 된다.

하지만 조금만 더 늦게 발견했으면 냥이는 죽었을지도 모른다. 길고양이, 그것도 작은 새끼고양이가 밖에서 살아가기란 여간 힘든 게 아니다.

집에서 귀여움을 받고 자라는 고양이가 있는 반면에 밖에서 힘겹게 살아가는 고양이들도 많다. 같은 고양이인데 너무나 다른 환경 차이를 생각하면 정말 슬프다. 하지만 이것이 현실이다. 여러분 주위에도 냥이와 냥이 엄마, 냥이 형과 여동생처럼 고통스런 상태에 있는 고양이가 있을지도 모른다. 고양이를 귀엽다고만 생각하지 말고 고양이에 대해 좀 더 깊이 그리고 여러 각도에서 탐구해보면 어떨까?

냥이 선배가
잘 설명해줄게!

고양이와 시작하는
통계학

1주일 후

벼룩도 없어지고 기생충도 없어쳤다!

완전히 건강해졌어요!!

고양이 에이즈도 백혈병도 음성이니까 이제 함께 생활해도 되겠네!

기뻐서 추는 춤이야~♪

냥이 선배, 냐오 쌤 도와줘서 고마워요.

어휴 아직 젖내가 나네.

냥이 선배는 몇 살이야?

18살이야

또 한숨 잘까.

18살이라니? 그렇게 오래 사는 고양이는 본 적 없는데!

엄마는 1살
나이 많은 아저씨는 5살
이었는데···

밖에서 사는 고양이 수명은 길어야 3~5살 남짓이니까

실내에서만 자란 고양이의 평균 수명은 16살이야. 20살 이상도 있긴 하지만

기네스북 기록은 38살

고양이는 중동의 외진 사막에 사는 '리비아살쾡이(리비아고양이, African wildcat)'를 길들여 가축화한 것이다. 인간이 내다버린 쓰레기나 곡물창고에서 먹을 것을 찾는 쥐를 고양이가 쫓아다니며 잡다가 사람 곁에서 살게 되었다. 사람들은 해로운 쥐를 잡아먹는 고양이가 고맙고 귀여워서 애완동물로 키우게 되었다.

원래 야생 고양이는 무리지어 살지 않고 제각기 따로 생활했다. 그 때문에 소나 돼지처럼 우리에 가두거나 울타리를 쳐서 키우지 못하고 사람 옆에서 자유롭게 살게 하면서 긴 세월에 걸쳐 길들여야만 했다.

예전에는 실내와 실외를 자유롭게 오가도록 풀어놓는 상태에서 고양이를 키우는 사람이 많았다. 하지만 인구가 늘고 도시화가 진행된 현대에는 고양이를 점차 실내에서 키우게 되었다. 고양이는 인간 의존도에 따라 몇 가지 그룹으로 나눌 수 있다. 크게는 집고양이, 길고양이, 들고양이로 나뉜다. 집고양이는 사람이 먹이를 주면서 집에서 기르는 고양이로, 실내와 실외를 오가는 방목 고양이와 실내에서만 기르는 완전 실내사육 고양이가 있다. 길고양이는 명확한 주인이 없는 고양이다. 그래서 길고양이는 사람 곁에서 생활하며 쓰레기를 헤집어 먹기도 하고 사람이 주는 먹이를 먹기도 하고 먹이를 훔치거나 사람이 기르는 작은 동물을 덮치기도 한다. 인간에게 상당히 의존하며 산다.

최근에는 특정 주인은 없지만 지역의 이해와 협조 아래 지역 주민과 함께 생활하는 고양이도 늘어나고 있다. 이런 고양이를 지역 고양이라고 한다. 이들 지역 고양이에게는 주로 자원봉사자들이 먹이를 주고 배설물을 치워줄 뿐 아니라 번식을 막기 위해 피임과 거세 수술을 해서 더 이상 개체 수를 늘리지 않고 한 세대만 살도록 돌봐준다.

이에 반해 사람에게 의존하지 않고 고양이 스스로 사냥을 해서 사는 고양이를 들고양이라고 한다. 들고양이는 사람이 많은 도시에서는 사냥을 하기보다는 쓰레기를 찾아다니는 것이 편하고 사냥할 먹이 또한 적어(있어도 인간의 생활에 의존하는 집쥐나 사람이 기르는 작은 동물 등) 길고양이로 간주하기도 한다. 한편 산간 지방이나 섬 지역처럼 인구가 적고 야생동물이 많은 지역에서는 고양이가 자력으로 사냥하면서 인간에게 의존하지 않고 살아간다. 이들 고양이는 아주 강인한 데다 멸종 위기종인 동물을 덮쳐 먹어 치우는 사례가 늘고 있어 세계 대다수의 나라가 침략적 외래종으로 보고 있다.

이 책에 등장하는 냥이는 길고양이이고 냥이 선배는 완전히 실내에서 키운 고양이다. 두 고양이의 생활환경은 하늘과 땅만큼 차이가 난다. 어느 쪽이 행복

할지는 말할 필요도 없다. 냥이처럼 원래 길고양이였지만 집고양이로 탈바꿈하는 경우가 늘어났으면 좋겠다.

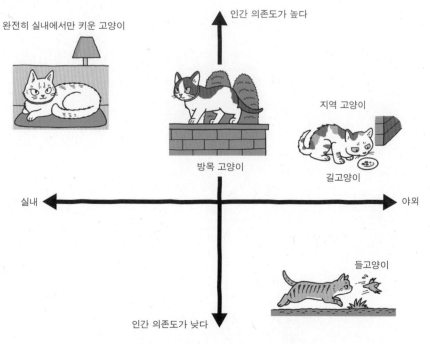

완전히 실내에서만 키운 고양이

인간 의존도가 높다

지역 고양이

방목 고양이

길고양이

실내

야외

들고양이

인간 의존도가 낮다

그림 1.1 고양이의 생활환경과 인간에 대한 의존도

고양이 나이 환산표

　고양이 나이를 사람 나이로 환산하면 1살 먹은 고양이는 사람으로 치면 15살에 해당하기 때문에 새끼를 낳을 수 있는 어른고양이라 할 수 있다. 고양이 5살은 사람으로 치면 36살이고, 고양이 15살은 사람으로 치면 76살, 고양이 18살은 사람으로 치면 88살이다. 18살 먹은 냥이 선배는 어리게 보이지만 사람으로 치면 고령자인 셈이다. 기네스북에 기록된 세계 최장수 고양이는 38살인데 고양이 38살은 사람으로 치면 160살을 넘는다. 사람도 옛날에 비하면 상당히 오래 살듯이 고양이도 마찬가지다.

　오래 사는 고양이는 주인이 있는 경우가 대부분이다. 고도로 발달된 의료, 영양가 높은 먹이, 안전한 주거지 등을 사람이 제공했기 때문에 고양이가 오래 살 수 있게 되었다고 볼 수 있다. 거꾸로 생각하면 이러한 혜택을 받을 수 없는 길고양이는 오래 살지 못하는 경우가 많다. 고양이뿐만 아니라 야생동물도 자연환경에서 생활한 개체보다 동물원 등에서 사육된 개체가 오래 사는 경향이 있다.

야생동물 사육에는 여러 의견이 있으나 멸종 위기종인 경우도 사육하여 보호·번식에 힘쓴 후 개체 수가 회복된 경우에는 자연 환경으로 복귀시키는 것을 최종 목표로 하고 있다.

고양이는 사람이 길들인 가축이지 자연환경에 있던 동물이 아니다. 인간이 길들인 생명에 대해서는 책임감을 가져야한다고 생각한다. 이런 관점에서도 고양이를 완전히 실내 사육할 필요가 있지 않을까?

표 1.1 고양이의 나이 환산표

	고양이 나이(살)	사람 나이(살)
유년기	0 ~ 1 개월	0 ~ 1
	2 ~ 3 개월	2 ~ 4
	4 개월	6 ~ 8
	6 개월	10
소년기	7 개월	12
	12 개월	15
	18 개월	21
	2	24
성인기	3	28
	4	32
	5	36
	6	40
장년기	7	44
	8	48
	9	52
	10	56
고령기	11	60
	12	64
	13	68
	14	72
노령기	15	76
	16	80
	17	84
	18	88
	19	92
	20	96
	21	100
	22	104
	23	108
	24	112
	25	116

출처: American Association of Feline Practitioners, 2010 AAFP/AAHA Feline Life Stage Guidelines

18살 먹은 냥이 선배. 고령으로 보이지는 않지만 상당한 노인이다.

Column 외래종

외래종이란 원래 그 지역에 없었으나 인간의 활동에 의해 다른 지역으로부터 들어온 모든 생물을 말한다. 외래종은 생태계와 경제 등에 지대한 영향을 주는 일도 있어 환경 문제의 하나로 취급하고 있다. 식물부터 곤충, 물고기, 포유류까지 폭넓은 분류군이 포함되어 있는데, 특히 육식 동물은 원래 그 땅에 서식하는 재래종과 먹이나 거처를 두고 다투고 경쟁할 뿐 아니라 포식자로서 토종 생물을 잡아먹기 때문에 기존 생태계에 직접적으로 악영향을 미친다.

예를 들면 북미에서 들여온 큰입우럭(큰입배스)은 그 큰 입으로 희소 어류나 곤충, 갑각류 등 토종 생물을 잡아먹고, 어식성 물새와 경쟁해 먹이를 빼앗아 버린다. 이로 인해 토종인 작은 물고기가 감소하면서 유생기를 망둥이나 미꾸라지 등의 지느러미나 체표에 기생해 사는 말조개과 조개까지 감소한다는 사실이 최근 연구에서 밝혀졌다. 조개가 줄어들면 조개를 산란 장소로 삼는 납자루가 알을 낳을 수 없어 감소하는 사태까지 벌어진다.

북미에서 일본에 애완동물로서 반입된 아메리카너구리는 어릴 때는 귀엽지만 성장 후에는 흉포성을 드러낸다. 아메리카너구리는 1970년대에 상영된 애니메이션 영향으로 인기가 높아져 수입이 급증했으나 사육장에서 탈주하기도 하고 키우다 야외에 버려지기도 했다. 현재 아메리카너구리가 야생화되는 바람에 개체 수가 폭발적으로 늘어나 다양한 피해가 잇따르고 있다.

큰입우럭도 아메리카너구리도 토종 생태계에 미치는 악영향이 심각하고 위협적이기 때문에 2005년에 특정 외래 생물로 지정되었다. 외래종 중 생태계나 사람에 대한 사회 경제적 영향이 큰 종을 침략적 외래종이라고 한다. 그중 특히 그 악영향이 현저한 종을 특정 외래 생물로 지정하고 수입이나 사육, 재배, 보관 또는 운반 등을 규제한다. 일본에서는 '메이지 원년인 1868년 이후 해외에서 들어온 외래 생물'로 개체 식별이 용이한 크기와 형태를 가지고 있으며, 특별한 기기를 이용하지 않아도 종의 판별이 가능한 것을 특정 외래 생물의 대상으로 삼고 있다.

사실은 고양이도 외래종이다. 앞서 언급한 대로 외래종의 정의는 '원래 그 지역에는 없었는데, 인간의 활동으로 다른 지역에서 옮겨온 생물'이다. 그러니까 대략 1만 년 전부터 인간과 같이 생활하다가 세계 각지로 흩어진 고양이는 외래종으로 간주한다.

게다가 고양이는 매우 훌륭한 사냥꾼이다. '세계의 침략적 외래종 워스트 100'에서는 고양이를 다음과 같이 소개한다. "대항해 시대에 선창의 쥐를 퇴치하기 위해 인간이 데려갔으나 낙도 등에 추방되어 야생 고양이가 되었다. 먹이사슬 피라미드의 정점에 군림한다. 낙도에 서식하는 날지 못하는 많은 새를 위협한다." 일본의 침략적 외래종 워스트 100'에서도 고양이를 다음과 같이 소개한다. "쥐 퇴치와 애완을 위해 도입된 집고양이가 야생 고양이가 되었다. 고양이는 개와 나란히 현재도 인기 있는 애완동물이기 때문에 전국에서 대량의 유기가 발생하며, 퇴치 및 처분이 추진되고는 있으나 감소하지는 않고 있다. 육식성이기 때문에 작은 동물이나 조류를 즐겨 잡아먹어 동물 세계에 심각한 변화를 초래한다."

이처럼 자연 생태계에서는 작은 고양이가 큰 위협을 주기 때문에 실내에서만 기를 것을 권장하고 있다.

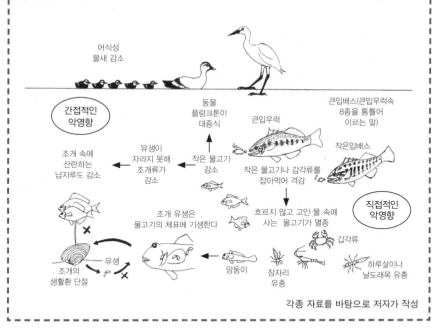

그림 1.2 큰입우럭이 생태계에 미치는 악영향

길고양이와
집고양이는
왜 그렇게
다른 거야?

그거야
집에 있으면
겨울에는 따뜻하고
여름에는 시원하고

밥 걱정 없고 병에 걸리면
병원에 가고 교통사고
당할 일도 없잖아

따끈

따끈

추워

배고파

덜덜덜

난 용케 살아
남은 거구나…

그러고 보니
그렇네. 모두 죽었어…

자자,
이젠 괜찮아

그래

네
고마워요.

자, 둘 다
밥 먹어!

냠

냠

길고양이와 완전한 실내사육 고양이의 수명이 크게 다른 것은 실내에서 사육하면 야외 환경의 다양한 위험으로부터 고양이를 지킬 수 있기 때문이다. 인구가 늘고 도시화가 진행된 현대에는 더더욱 실내에서 고양이를 사육할 것을 권장하고 있다. 가장 큰 이유는 고양이의 안전을 확보하기 위해서다. 냥이 선배가 말했듯이 시가지나 주택가 등 야외 환경은 고양이에게 위험한 요소가 많다.

우선 자동차가 많이 지나다니는 시가지나 주택가에서는 고양이가 차에 치여 목숨을 잃는 교통사고가 늘고 있다. 이러한 사고로 많은 고양이가 목숨을 잃고 있는 것이다. 길고양이와 방사 고양이, 지역 고양이는 교통사고 위험에 늘 노출되어 있다.

이런 사고는 고양이뿐 아니라 운전자에게도 위험하다. 갑작스럽게 튀어나온 고양이를 피하려다가 사고를 낸 사례도 다수 있다. 그중에는 운전한 사람이 목숨을 잃은 사례까지 있다. 고양이를 위해서나 사람을 위해서나 완전한 실내사육은 좋은 해결책이라고 할 수 있다.

시가지나 주택가에서 고양이가 쓰레기를 파헤치거나 인가의 뜰에 똥을 싸는 것도 사람에게는 매우 성가신 일이다. 관리할 수 없는 길고양이는 물론이고 지역 고양이와 방목 고양이도 지역에서는 트러블의 원인이 되고 있다. 길고양이를 피할 수 있는 방법이 상품으로 나와 있지만 효과가 별로 없거나 지속하기 어려운 경우가 많다. 그 결과 참지 못한 사람이 고양이를 잡아 보건소로 데려가는 일도 흔하다. 심지어 고양이를 해치는 일까지 있다. '동물 애호 및 관리에 관한 법률(동물애호관리법)'에 따라 고양이를 해치는 행위는 학대로 간주해 금지되어 있는데도 고양이의 성가신 행위를 참지 못하고 고양이에게 위해를 가하는 사람이 유감스럽게도 존재한다.

이처럼 고양이에게 피해를 입어 위해를 가하는 사람이 있는가 하면, 스트레스를 해소하기 위해 고양이를 다치게 하거나 죽이는 사람도 있다. 살인 사건을 저지른 범인이 범행 전에 개나 고양이를 죽였다는 보도를 접하기도 한다. 자기보다 작은 약한 생물을 괴롭히거나 죽이는 데서 희열을 느끼는 사람조차 있다. 고양이를 완전히 실내에서 기르면 이런 위험으로부터 지킬 수 있다.

더구나 야외에는 고양이에게 옮길 수 있는 감염증도 만연해 있다. 냥이는 고양이 감기가 든 상태로 발견되었으나, 이외에도 고양이 에이즈나 고양이 백혈병, 내부 및 외부 기생충증 등 고양이에게 감염되는 질병이 많다. 그중에는 죽음에 이르는 위독한 증상을 일으키는 질병도 있다. 이런 이유로 사육 고양이에게는 각종 감염증을 예방하기 위해 백신 접종을 권장하고 있다. 이런 의료 행위를 적절하게 받고 질병 감염을 예방하기 위해서는 완전히 실내에서 사육해야 고양이의 장수로 이어진다.

Column 고양이가 잘 걸리는 대표적인 병

야외에서 다른 고양이로부터 옮는 고양이 질병에는 몇 가지가 있다. 우선 냥이도 걸린 고양이 감기 같은 감염증이 있다. 고양이 감기는 바이러스에 감염되어 있는 엄마고양이에게서 옮기도 하고(수직감염) 병원체를 갖고 있는 고양이와 접촉하여(접촉감염) 감염되기도 한다. 이런 감염증의 대부분은 고양이를 완전히 실내에서 키우고 매년 백신을 접종하면 예방이 가능하다.

백신에는 단독백신과 혼합백신이 있는데 일반적인 것은 3종 혼합백신이다. 3종 혼합백신을 접종하면 ①고양이 헤르페스 바이러스(고양이 바이러스성 코 기관염), ②고양이 칼리시 바이러스(한 종류), ③고양이 범백혈구 감소증(고양이 파보바이러스 감염증/고양이 전염성 장염)을 예방할 수 있다. 4종 혼합백신으로는 이 세 가지 감염증에 ④고양이 백혈병 바이러스 감염증을 예방할 수 있고, 5종 혼합백신으로는 이 네 가지 감염증에 ⑤ 클라미디아 감염증을 예방할 수 있다. 7종 혼합백신을 접종하면 5종 혼합백신에 ⑥고양이 칼리시 바이러스(두 종류)를 예방할 수 있다.

조금 복잡하지만 고양이 칼리시 바이러스라고 하는 감염증에는 많은 형태가 있는 것으로 알려져 있다. 3종과 4종 혼합백신은 한 종류의 고양이 칼리시 바이러스를 예방할 수 있고, 7종 혼합백신은 세 종류의 고양이 칼리시 바이러스를 예방할 수 있다. 반면에 단독백신은 고양이 백혈병 백신과 고양이 에이즈 백신 두 종류가 있다. 완전히 실내에서 키운 고양이도 동물병원에서 옮을(감염될) 수도 있고 때로는 집을 뛰쳐나갈 가능성도 있으므로 해마다 한 번 3종 혼합백신을 접종하는 것이 좋다.

그중에서도 생명과 지장이 있는 무서운 감염증이 있다. 고양이 범백혈구 감소증(고양이 파보바이러스 감염증), 고양이 백혈병 바이러스 감염증, 고양이 후천성 면역 결핍 증후군(고양이 에이즈), 고양이 전염성 복막염(FIP), 이 네 가지가 바로 그것이다. 고양이 전염성 장염이라고도 불리는 고양이 범백혈구 감소증(고양이 파보바이러스 감염증)은 열이 나고, 심한 구토와 설사(혈변), 백혈구 감소 등의 증상을 보인다. 이것은 3종 혼합백신으로 예방할 수 있고 항생물질 투여로 치료가 가능하지만 체력이 약한 새끼고양이는 목숨을 잃을 수도 있는 무서운 감염증이다.

고양이 백혈병 바이러스 감염증은 림프종이나 백혈병 등을 일으키기도 한다. 이른바 고양이 에이즈라 불리는 고양이 후천성 면역 결핍 증후군은 그 병명이 말해주듯이 면역 부전 증상을 일으킬 수 있는 질병이다. 반드시 발병하는 것은 아니지만 발병했을 경우에는 모두 대증요법(원인이 아닌 증세에 대한 치료법으로 증상을 경감시키기 위한 치료)밖에 없어 경과가 좋지 않다. 둘 다 앞서 언급한 대로 단독백신이 있긴 하지만 양성 고양이와 접촉을 피할 수 있는 완전한 실내사육이 가장 확실한 예방법이다.

고양이 백혈병이나 고양이 에이즈는 사람에게는 옮기지 않지만 같은 고양이과 야생 고양이에게는 감염되는 것으로 알려져 있다. 1996년에 나가사키현 쓰시마에서 천연기념물(멸종 위기종)인 쓰시마야마네코(쓰시마에 서식하는 들고양이)가 고양이 유래 고양이 에이즈에 감염된 사실이 확인되었다. 쓰시마야마네코에게 옮겼다고 하는 것은 마찬가지로 살쾡이(삵)의 아종(종의 하위 구분)인 이리오모테산 고양이(이리오모테 섬에만 서식하는 살쾡이의 일종)에게도 옮길 가능성이 충분히 있는 데다 고양이 에이즈뿐 아니라 고양이 백혈병 같은 다른 감염증도 전파할 가능성이 있어 대책이 필요하다.

이러한 감염증은 다른 고양이한테서 옮지 않도록 완전히 실내에서 기르면 예방할 수 있다. 한편 현 단계에서 효과적인 예방법이 발견되지 않은 데다 백신도 없고 유효한 치료법조차 없는 것이 고양이 전염성 복막염(FIP; Feline Infectious Peritonitis)이다. 대부분의 고양이가 보유한 고양이 장 코로나 바이러스(FECV)라고 하는 바이러스가 고양이 체내에서 돌연변이를 일으켜 병원성을 가지면 발병한다. 병원성이 있는 바이러스가 다른 고양이로부터 전염되는 것은 아니다. 이미 대부분의 고양이에게 있는 바이러스가 고양이의 체내에서 변이하면 병원성을 갖는 것이다. 스트레스가 많거나 면역력이 떨어진 고양이에게 많다고 전문가들은 말하지만 병원성을 가진 바이러스로 변이하는 원인은 아직 밝혀지지 않았다. 드라이 타입 혹은 비삼출형이라고 하는 건성 타입과 웨트 타입 혹은 삼출형이라고 하는 습성 타입의 두 가지가 있다. 특히 복수나 흉수가 차는 웨트 타입은 사망률이 높은 것으로 알려져 있다.

회충, 십이지장충, 조충 같은 내부 기생충이 일으키는 기생충증이나 원생동물이 일으키는 콕시듐증 등도 고양이에게서 흔히 볼 수 있다. 또한 모기가 매개하는 필라리아증이나 광견병 등은 개에게 발병하는 것으로 잘 알려져 있는데 사실 고양이도 감염이 된다. 일본에서 마지막으로 확인된 광견병은 고양이한테서 발병된 사례이다. 개보다는 적지만 고양이도 필라리아에 감염되는 것으로 알려져 있다. 이런 병으로부터 고양이를 지키기 위해서도 완전한 실내사육이 권장되고 있다.

질병은 무섭지만
동물병원 가는 것도 싫어!!
아픈 건 싫단 말이야!!

제 2 장

기본은 평균부터
통계학으로 할 수 있는 것

글쎄… '대체로 이 정도'라든가 '보통'이라는 건 평균이라고 말하는데

이 평균이라는 걸 조사해보면 대충의 경향을 알 수 있지.

그걸 어떻게 조사해?

조사하고 싶은 값… 그러니까 고양이가 '몇 살까지 살았는지' 조사하는 거야.

이 값을 데이터라고 해.

이 데이터의 중간값이 평균이고.

너희 형과 여동생처럼 빨리 죽은 새끼고양이도 있고

기네스북에 오를 만큼 장수한 고양이도 있지.

그러니까 가급적 많은 데이터를 모아서 전체의 중간값을 산출해야 하는 거야.

근데 몇 살까지 살았는지 알 수 없는 고양이도 많잖아.

어느새 사라지기도 하니까…

길고양이는 정확하게 평균을 내기가 어려우니까 3~5살 정도로 폭을 두는 거지.

19

완전히 실내에서 기르는 고양이는 아파도 사람이 잘 돌봐주고

정확한 혈통이나 생일까지 알고 있는 고양이도 많지.

냥이 선배도?

난 스코티시 폴드 롱헤어야.

헤헤 난

2001년 5월 13일 태어나 18살이야.

아직 더 살 수 있어!

공인 혈통서

혈통서라… 대단한데…

난 생일도 모르는 별 볼일 없는 고양이인데…

혈통서는 그냥 증명서일 뿐이야. 그런 거 있다고 대단한 게 아니고!

어떤 고양이라도 모두 평등하게 살 권리가 있는 거야~

냥이가 얼마나 살 수 있는지 계산해 볼까?

응!

우선 냥이 주변 고양이들이 얼마나 살았었는지, 데이터를 정리해보자.

 누나, 형, 여동생은 2개월, 엄마는 1살 때 사람들한테 잡혀 갔어. 같은 공원에 살던 아주머니 고양이들은 1살과 2살이었는데, 아주머니의 새끼고양이가 있었어. 2개월 된 고양이 4마리와 3개월 된 고양이가 2마리, 할아버지 고양이는 4살이었고, 할아버지 부인 고양이는 5살이었어. 대장 고양이는 3살이었던가. 내가 알고 있는 건 대충 이 정도야.

 … 길고양이들은 정말 오래 못 사는구나…. 정신을 가다듬고 이를 정리하면 다음과 같다.

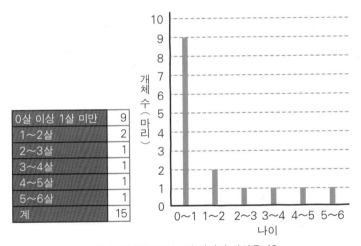

0살 이상 1살 미만	9
1~2살	2
2~3살	1
3~4살	1
4~5살	1
5~6살	1
계	15

그림 2.1 냥이 동료는 몇 살까지 살았을까?

 데이터 개수가 모두 15마리다. 왼쪽 표는 도수분포표, 오른쪽 그래프는 히스토그램(도수분포도·막대그래프)인데, 이것을 보면 1살 미만의 새끼고양이가 많이 치우쳐 있어 전체의 중간이 어딘지 알 수 없는 느낌이야.

사실은 이런 형태의 그래프는 좋지 않지만 일단 이 데이터로 평균을 계산해보자. 아래 식이 평균을 구하는 계산식이다.

$$\overline{x} = \frac{x_1 + x_2 + \cdots + x_n}{n}$$

$\bar{x}$는 평균을 나타내는 기호인데, 엑스 바라고 읽어. 평균을 나타내는 기호지. x는 변수인데 여기서는 각 고양이의 나이지.

n은 데이터의 개수. 이번에는 모두 15마리니까 $n=15$.

이 수치를 앞 페이지의 식에 대입하면,

$$(0.2+0.2+0.2+0.2+0.2+0.2+0.2+0.3+0.3+1+1+2+3+4+5)\div15=1.2살$$

 어?

평균은 '전체의 한가운데', '대체로 이 정도', '보통'을 뜻하는 거였지. 이 히스토그램은 0~1살이 많아, 평균 계산 결과도 1.2로 돼 있고, 길고양이는 대체로 3~5살 정도까지 사는 거 아니었어?

 제법인 걸. 바로 이것이 평균의 함정이야. 냥이가 이상하다고 생각하는 그 느낌이 정답이야. 사실 히스토그램의 형태에 따라서는 평균만으로 데이터 전체를 나타내기가 어려운 경우도 있어.

 에!? 그래? 뭐야 그럼 평균이란 건 쓸 수가 없잖아.

 아니, 평균을 제대로 쓸 수 있는 히스토그램도 있어. 히스토그램 형태로 판단하고 올바르게 사용하면 되는 거야.

냥이가 말한 것처럼 평균은 데이터의 중심적인 수치를 나타내는 거야. 그리고 중심적인 값은 일반적으로 이렇게 산 모양의 꼭대기=고점을 나타내는 거고(그림 2.2 왼쪽).

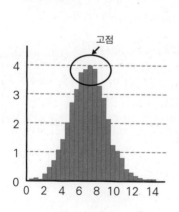
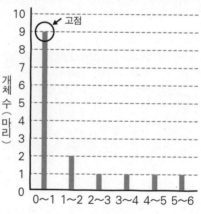

그림 2.2 히스토그램(왼쪽)과 나이 데이터(오른쪽)

하지만 이번에는 0살 이상 1살 미만이 가장 많아 고점을 차지하고 있지(그림 2.2 오른쪽). 일반적인 길고양이 수명으로 알려진 3~5살 주위에 고점이 있는 형태였으면 했는데….

이번처럼 데이터 수가 적은 경우 또는 극단적으로 값이 낮거나 반대로 너무 높은 값이 들어오면 평균만으로 전체를 나타내기가 어려울 수 있지.

 그렇구나. 이번에는 내가 알고 있는 고양이의 데이터가 적은 거네.

그래. 더구나 새끼고양이는 약하니까 오래 살지 못하는 경우가 많은데 60%가 새끼고양이 데이터이기 때문에 전체적으로 낮은 수치가 나왔어.

극단적으로 높은 값이 들어가는 예로는 인간의 연봉이 좋은 예야.

연봉?

그래. 사람은 일해서 돈을 버는데, 1년 동안 번 돈의 합계가 연봉이야. 그 돈으로 맛있는 음식과 쾌적한 주거지를 구하거나 병이 났을 때 치료를 받을 수 있는 거야.

연봉은 많이 받는 사람도 일부 있어 평균이 높아지는 경우도 있고, 평균이 같은 값이 되는 그룹이 여럿 있다고 하더라도 각 데이터의 실태는 상당히 다를 수도 있어.

예를 들어 세 그룹이 있다고 하자. 이 세 그룹 모두 구성원은 8명이고 평균 연봉은 500만 원이야.

표 2.1 세 그룹의 개인 연봉   단위 : 만 원

	1	2	3	4	5	6	7	8	합계	평균
그룹 A	500	500	500	500	500	500	500	500	4000	500
그룹 B	100	100	100	700	700	700	800	800	4000	500
그룹 C	100	100	100	100	100	100	100	3300	4000	500

하지만 실제로는 전혀 달라. 그룹 C는 8번째 사람 외에는 모두 평균 500만 원보다 훨씬 낮거든(표 2.1).

히스토그램으로 보면 보다 더 쉽게 알 수 있지.

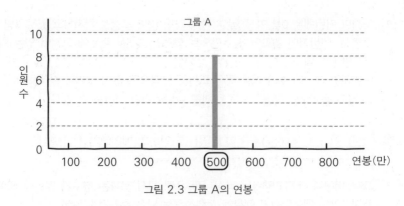

그림 2.3 그룹 A의 연봉

그룹 A는 모두 연봉이 같으니까 다 평균이다(그림 2.3).

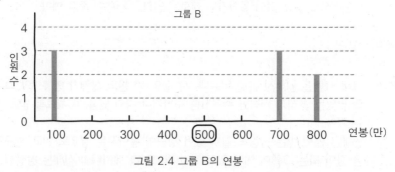

그림 2.4 그룹 B의 연봉

그룹 B는 평균(500만 원) 가까이에는 데이터가 없고 평균에서 상당히 벗어난 곳에 데이터가 존재한다(그림 2.4).

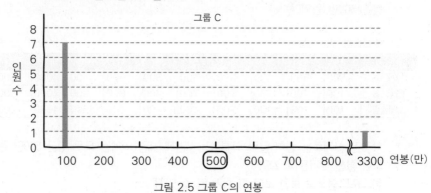

그림 2.5 그룹 C의 연봉

그룹 C는 한 사람만 극단적으로 높고, 나머지는 모두 낮아 평균에서 꽤 벗어나 있다(그림 2.5).

그룹 B나 그룹 C처럼 데이터가 편향된 경우 평균값을 데이터의 중간으로 보는 건 바람직하지 않아.

 모두 평균값은 같은데 좀 이상하네.

 그건 나중에 좀 더 살펴보기로 하고, 오늘은 여기서 마치자.

 평균은 데이터 전체의 중앙값.

평균을 구하는 식은

$$\bar{x} = \frac{x_1 + x_2 + \cdots + x_n}{n}$$

평균값이 같아도 데이터가 편향되어 있을 때는 평균값을 '중간'으로 채택해서는 안 되는 경우도 있다. 이럴 때는 히스토그램의 형태 등 데이터의 '분포'를 보고 판단해야 한다.

평균은 흔히 사용하는 말로 데이터를 대표하는 값, 즉 '대푯값'이다. 하지만 실제로는 데이터의 편중 정도에 따라 사용하지 않으면 의미가 없는 경우가 있다. 앞서 언급한 평균 연봉이 알기 쉬운 예로, 일부 고소득자가 일반적인 평균 연봉을 끌어올리는 경우가 있는 것도 사실이다. 예로 든 그룹 A~C의 경우를 봐도 알 수 있다. 그룹 C를 하나의 회사로 보면 한 직원만 소득이 높고 다른 직원은 모두 평균보다 상당히 낮다. 이것만 보고 '평균 연봉 500만 원!'이라는 내용의 구인광고를 낸다면 사기라고 할 수도 있다. 평균은 너무 큰 값이나 너무 작은 값 같은 극단적인 수치가 있을 경우 그 영향을 크게 받는다는 단점이 있다.

대푯값으로는 그 외에도 메디안(중앙값)과 모드(최빈값)가 널리 알려져 있다. 극단적인 수치가 포함되어 있는 경우, 이 두 가지를 많이 사용한다. 메디안이란 문자 그대로 데이터의 중앙(가운데)값을 말하는 것으로, 데이터를 작은 순서로 나열했을 때 한가운데 수치를 가리킨다. 데이터 수가 홀수일 때는 한가운데 값은 1개로 결정되지만 짝수일 때는 후보가 되는 값이 2개가 나온다. 그래서 절충안으로 그 두 값의 평균을 메디안으로 한다.

| n개의 데이터 $x_1 \leqq x_2 \leqq \cdots\cdots \leqq x_n$이 있을 때

● n이 홀수($n=1, 3, 5\cdots\cdots$)인 경우

$n=2k+1$이라고 둔다(k는 자연수. 따라서 $2k+1$은 홀수가 된다)

$$\underbrace{x_1, x_2, \cdots, x_k,}_{k개} \quad \underbrace{\boxed{x_{k+1},}}_{중앙값} \quad \underbrace{x_{k+2}, \cdots, x_{2k}, x_{2k+1}}_{k개}$$

● n이 짝수($n=2, 4, 6\cdots\cdots$)인 경우

$n=2k$라고 둔다(k는 자연수. 따라서 $2k$는 짝수가 된다)

$$\underbrace{x_1, x_2, \cdots, x_{k-1},}_{k-1개} \quad \underbrace{\boxed{x_k, x_{k+1},}}_{\downarrow} \quad \underbrace{x_{k+2}, \cdots, x_{2k-1}, x_{2k}}_{k-1개}$$
$$(x_k + x_{k+1}) \div 2 \leftarrow 중앙값$$

냥이가 아는 길고양이 15마리의 데이터로 생각해보자. 생후 2개월은 $0.16666\cdots$ ≒0.2살, 생후 3개월은 0.25≒0.3살이고, $n=15$(홀수), $k=7(15=2\times7+1)$이다.

$$\underbrace{0.2, 0.2, 0.2, 0.2, 0.2, 0.2, 0.2,}_{7개} \quad \underbrace{\boxed{0.3,}}_{\downarrow} \quad \underbrace{0.3, 1.0, 1.0, 2.0, 3.0, 4.0, 5.0}_{7개}$$
$$중앙값\ 0.3살$$

중앙값은 0.3살이 되어 앞에서 구한 평균값인 1.2살보다도 훨씬 그럴 듯한 수치가 되었다.

이에 반해 최빈값이란 가장 개수가 많은 값이다. 냥이가 아는 길고양이들은 절반 이상이 0~1살인 새끼고양이였다. 생후 2개월($0.16666\cdots$≒0.17살)인 새끼고양이가 7마리, 생후 3개월(0.25살)인 새끼고양이가 3마리였으므로 생후 2개월이 최빈값이 되어 산술평균 1.3살보다 훨씬 그럴 듯한 수치가 되었다.

하지만 최빈값은 한 개가 아니라 여러 개인 경우도 있고, 데이터 수가 적은 경우는 가장 개수가 많은 값에 의미가 없는 경우도 있으므로 실제로 대푯값으로 최빈값을 사용하는 일은 별로 없다.

Column 평균 수명

여기서는 고양이가 얼마나 살 수 있는가를 예로 들었다. 그게 바로 평균 수명이 아니냐고 생각할지도 모른다. 평균 수명은 흔히 사용하는 말이긴 하지만 사실 이번에 거론한 평균값처럼 쉽게 계산할 수 있는 것이 아니다.

평균 수명이란 사실 '0살의 평균 여명'을 가리킨다. 평균 수명 계산법은 복잡하다. 먼저 각 나이의 연간 사망률을 구해야 한다. 그런 다음 그 해에 태어난 집단이 이 사망률에 따라 매년 얼마나 죽을지 예측하여 각각 사망한 나이를 평균한 것이 평균 수명으로 산출된다. 즉, 평균 수명이란 그 해에 태어난 0살이 향후 몇 년을 살 수 있는가 하는 기댓값을 포함한 수치다.

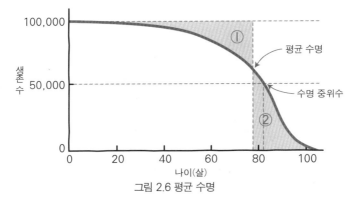

그림 2.6 평균 수명

※평균 수명은 ①과 ②의 면적이 같은 곳
※수명 중위수는 생존 수가 절반이 되는 곳
※일본은 '평균 수명〈수명 중위수'이다.

출처:〈후생노동성 2009년 간이생명표의 개황에 대해서
참고자료 1 생명표 여러 함수의 정의〉

일본일반사단법인 애완동물사료협회에서 발표한 '2018년 전국 개와 고양이 사육실태조사 결과'에 따르면 개와 고양이의 전국 규모 추계 사육 두수는 개가 890만 3천 마리, 고양이가 964만 9천 마리다. 고양이의 사육 두수가 개의 사육 두수를 웃돌았다. 고양이는 개보다 여러 마리를 키우기도 쉽지만 고양이 인기가 높아졌기 때문인 것으로 보인다.

2018년 데이터에 따르면 고양이의 전체 평균 수명은 15.32살이다. 집 밖으로 나가지 않는 완전히 실내에서 기르는 고양이의 평균 수명은 15.97살이고, 집 밖에 나가는=방목 고양이의 평균 수명은 13.63살이다. 똑같이 기르는 고양이라도 큰 차이가 있다. 역시 방목 고양이보다 완전히 실내에서 기르는 고양이가 훨씬 장수할 수 있다는 이야기다.

제1장에서 언급했듯이 완전히 실내에서 키운 고양이는 안전한 거처와 영양이 풍부한 먹이, 고도의 의료 등을 주인으로부터 제공받기 때문에 오래 살 수 있다. 기네스북에 기록된 세계에서 가장 장수한 고양이는 크림 퍼프(우)(미국 텍사스주)로 38년 3일을 살았다(1967년 8월 3일~2005년 8월 6일). 요괴 수준의 장수 고양이인 셈이다. 크림 퍼프와 함께 산 고양이 그랜파도 34살 하고도 2개월을 살아 세계 2위를 기록했다.

일본에서는 요시코라는 고양이가 36살까지 살았으나 기네스북을 발간(1955년)하기 이전에 태어나 안타깝게도 기네스북에 오르지 못했다. 18살 먹은 냥이 선배도 장수 고양이에 속할 법도 하지만 요즘은 20살 넘는 고양이도 적지 않다.

방목 고양이는 먹이와 잠자리 걱정은 없지만 교통사고나 질병, 사람에 의한 학대 등의 위험에는 길고양이와 마찬가지로 노출되어 있다. 그래서 완전히 실내에서 기른 고양이에 비해 평균 수명이 2년 정도 짧다. 역시 완전히 실내에서 기른 고양이가 가장 장수할 수 있고 행복하다고 할 수 있다.

연봉을 설명하면서 냥이 선배가 "사람들은 일해서 돈을 번다. 그 돈으로 맛있는 음식과 쾌적한 주거지를 구하고, 병이 났을 때는 치료를 받기도 한다"고 했다. 그런데 사람이 기르는 고양이는 일하지 않고도 맛있는 음식과 쾌적한 거처를 제공받으며 병이 났을 때는 치료를 받을 수 있으니 부럽다. 고양이가 부럽다고 느끼는 건 나뿐일까……

나는 이런 점에서도 고양이의 가축화는 고양이 주도로 이루어지지만 사실 고양이가 우리 인간을 잘 이용하고 있다는 생각도 든다. 귀엽거나 예쁜 외모는 고양이과 동물에 공통되는 성질이다.

외모가 귀엽다 해도 사람을 따르지 않고 신경질적이며 흉포한 일면을 지닌 검은발고양이는 사육되지 못하고 비교적 온화하고 사람을 두려워하지 않는 리비아살쾡이만 사람과 함께 살게 되었다. 사람과 함께 살 수 있는 자질을 갖는 것이야말로 귀여운 고양이의 교묘한 생존 전략이고 '고양이가 이렇게 귀여워진 이유'일지도 모른다.

완전히 실내에서 기른 고양이 　　　방목 고양이 　　　　길고양이

16살 전후 　　　　　　13살 전후 　　　　　　3~5살 전후

그림 2.7 고양이의 사육 환경과 수명

평균이란 말은 좀 어려웠어…

이야~

뭐라는 거야

손 들었다~

하지만 더 알고 싶기도 해…

근데 냥이 선배는 어떻게 그렇게 아는 게 많은 걸까?

그건 비밀

와!

어느 사이에

음, 갑자기 평균을 쓸 수 없는 경우의 얘길 하다 보니 어려워졌는데

오늘은 좀더 기초적인 내용을 설명해줄게.

간단히 부탁해~

찡긋

지난번엔 냥이가 얼마나 살 수 있는지 계산해 봤잖아?

응

고양이 15마리가 몇 살까지 살았는지 하는 데이터를 토대로…

평균 1.2살 산다는 건 너무 슬퍼…

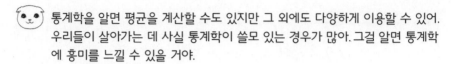

통계학을 알면 평균을 계산할 수도 있지만 그 외에도 다양하게 이용할 수 있어. 우리들이 살아가는 데 사실 통계학이 쓸모 있는 경우가 많아. 그걸 알면 통계학에 흥미를 느낄 수 있을 거야.

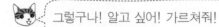

그렇구나! 알고 싶어! 가르쳐줘!

아까도 말했지만, 통계학에는 2종류가 있어. 하나는 기술통계학인데 이건 평균과 분산 같은 데이터의 특징 그리고 경향을 파악하기 위해 데이터를 요약하는 거야.
15마리 고양이의 평균 수명은 어떤 특징이 있었다고 생각하니?

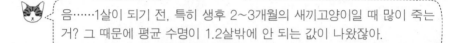

음……1살이 되기 전, 특히 생후 2~3개월의 새끼고양이일 때 많이 죽는 거? 그 때문에 평균 수명이 1.2살밖에 안 되는 값이 나왔잖아.

그래. 길고양이는 밖의 취약한 환경에서 살아가기 때문에 작고 체력이 약한 새끼고양이는 목숨을 잃기 쉬운 것이 특징이란 걸 알 수 있지. 슬프지만 그것이 현실이야.
하지만 일반적으로 길고양이의 평균 수명은 3~5살로 알려져 있거든. 냥이가 아는 고양이 15마리와는 많이 다르지?

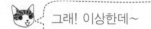

그래! 이상한데~

요전에도 말했지만 본래 기술통계학은 많은 데이터가 있으면 신뢰성 높은 결과가 나오기 쉬운 법이야. 지난번 15마리는 너무 적었고, 데이터를 모으는 방법에도 문제가 있었기 때문에 실태와 다른 결과가 나와버렸어. 그래서 데이터를 다루는 일은 아주 중요해.

그렇구나~ 기술통계학에서는 평균 이외에 어떤 일을 조사하는데?

그야 많지. 평균 외에는 예를 들면 이런 게 있어. 배가 고팠던 고양이가 밥을 실컷 먹을 수 있게 되었다. 그랬더니 비쩍 말랐던 냥이가 점점 살이 붙기 시작했지. 즉, 몸무게가 늘어난 거야. 이 고양이들이 먹은 밥의 양과 고양이 몸무게 사이에 관계가 있다는 것은 알겠지? 이런 식으로 두 값(변수)의 관계를 조사하는 것을 상관분석이라고 해.

뭐라고~ 밥을 많이 먹으면 당연히 몸무게도 늘어나잖아. 어느 정도 먹으면 몸무게가 얼마나 늘어날지 알 수 있다는 거야?

 물론이야. 그래프를 그려보면 먹이의 양과 몸무게 사이에 일정한 '법칙'이 보이거든.

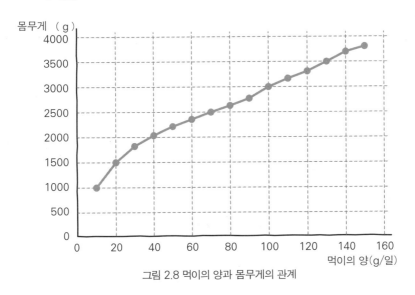

그림 2.8 먹이의 양과 몸무게의 관계

 와아~ 재밌다! 하나의 선처럼 되었어!

 맞아 맞아. 따로따로 흩어져 있던 데이터를 말끔히 정리해서 그 안에 있는 규칙을 구하는 게 재미있고 도움이 되기도 하거든.

 그리고 또 하나는 추측통계학이야. 뭔가 조사하고 싶은 것이 있어도 데이터를 죄다 모으기는 어렵지. 길고양이가 모두 몇 살까지 살았는지 알아내기는 어려워. 그러니까 일부(표본)를 조사해서 그 정보를 사용해 전체(모집단)의 특징을 추측하는 거야. 이렇게 하는 게 복잡하고 어렵게 보이지만 상당히 편리하거든.

 우와~ 복잡하고 어려워…… 그렇지만 부탁해요……

 음, 서두를 필요는 없으니까 조금씩 공부해보자.

한마디로 통계학이라고 하면 주로 기술통계학과 추측통계학, 이 두 가지로 나뉜다. 기술통계학은 조사한 데이터의 특징이나 경향을 알 수 있다. 많은 데이터를 모을 수 있으면 보다 신뢰성이 높아진다.

세상에는 많은 데이터를 모을 수 없는 것도 있다. 텔레비전 시청률과 정당 지지율 등은 모든 국민의 데이터를 입수하기가 어렵다. 그럴 때 무작위로 추출한 데이터를 표본으로 취급해서 모집단인 국민 전체의 경향을 추측한다. 이것이 추측통계학이다.

제1장과 제2장에서 통계학의 도입에 대한 이야기를 했다. 제3장 이후에는 범용성 높은 통계학 수법의 개념과 기술을 살펴보기로 한다.

제3장	추측통계학	표본과 모집단
		데이터의 종류
		데이터의 분포(변동계수)
		기준값과 편찻값

제4장	추정	표본에서 모집단을 추정
		오차의 종류
		표준편차와 표준오차
		대수의 법칙과 중심극한정리
		정규분포·표준정규분포
		신뢰구간과 신뢰계수

제5장	독립성 검정	단상관계수
		상관비
		크래머 연관계수
		독립성 검정(카이제곱 검정)
		t 검정

제6장	회귀분석	단순회귀분석
		결정계수
		다중회귀분석

무엇을 알고 싶은가?
추측통계학

냥이 선배~
전체를 다 알기는
어려울 거 같아.

맞아.

알고 싶은 게
전체라고 해도
전체를 조사
하기도 힘들고.

그러니까
일부를 조사
해서 전체를
추측하는 거야.

이 중 일부를
표본,
전체를
모집단이라고 해.

표본

모집단

표본

표본

표본은 어떤
것이든 상관
없는 거야?

아니

표본은
모집단에서
무작위로
추출하는 거야.

그렇지 않으면
한쪽으로
치우치거든.

그렇구나.
요전에 평균을 낸
길고양이 15마리의 데이터는

내가 아는 고양이에
국한된 거라 이상하게
되어 버린 거지?

엄마
형
여동생
근처 고양이

그래.
그 데이터로
길고양이 전체를
추측하기에는
무리가 있었지.

얼마나 살 수
있는지도 그렇고
몸무게는 여러 가지
요소와 관련이
있으니까.

여러 가지 조건도
생각해야 돼.

음

좀 어렵네.
표본만 조사해서는
아무것도
모르는 거야?

그렇지는 않아.
무엇을 알고 싶은지가
중요하니까

2.2에서 언급한
기술통계학을
생각해봐!

예를 들어 냥이
그룹이 있다면
그 그룹에서
쥐 잡기를 했을 때
포획한 수의
평균이라는 건

표본=냥이
그룹 전체의
데이터로 정확히
조사할 수 있지.

그룹마다
조건을 갖추면
팀 대항처럼
비교할 수도 있고.

냥이팀 15마리

얼마울팀
15마리

VS

하지만 동네나 섬 전체 고양이를 조사하기는 힘드니까

일부=표본을 조사해서 전체를 추측하는 거야.

그렇구나~

표본엔 개체 수가 얼마나 있는 게 좋은 거야?

많으면 많을수록 좋지.
표본이 적으면 이상한 데이터가 하나만 있어도 크게 영향을 미치거든.

예를 들면

어머?

넌 누구?

으음~

표본이 적을 때는 어떻게 하면 돼?

그럴 땐 오차라는 걸 생각해야 해.

그게 추측통계학이야.

오차?

어떻게든 일부를 조사해서 전체의 특징을 파악할 수 있게 연구하는 거지.

연구자가 표본을 조사할 때는 대개 얼마나 많은 숫자를 조사하는 거야? 기준이라는 게 있어?

연구 내용마다 다르겠지만 일반적으로는 30보다 적으면 작은 표본이라고 해. 이상적인 건 모집단을 100으로 했을 때 표본 수 80 정도를 조사하면 그 나름대로 정확도 높은 결과를 얻을 수 있어. 모집단이 많을수록 필요한 표본의 수도 늘어나지만 모집단이 10,000을 넘으면 그렇게 많이 할 필요는 없어. 다만 이건 일반적인 이야기일 뿐이야. 예를 들어 설문조사를 할 때 샘플이 400개라면 표본오차를 5% 미만으로 하는 것이 좋다고들 하지. 하지만 설문의 목적이나 설문 결과의 신뢰도를 얼마나 높이느냐에 따라 필요한 표본 수는 달라져.

동물실험에서는 표본 수가 적어도 괜찮은 것 같아. 그런데 연구 분야에 따라 정말 많이 달라.

 적다면 얼마나?

일반 동물실험에서는 최소한 5마리, 보통은 6마리가 이상적이라고 하지.

응? 약의 효과 같은 걸 조사하는 게 동물실험 아니야?
동물실험을 하는데 그렇게 적어도 괜찮아?

실험동물의 성질이나 실험하는 데 드는 시간, 방법에 따라 다르겠지.
동물실험에서 많이 쓰는 것은 생쥐나 쥐인데, 이들은 계통 보존이 되고 있는 것들이야.

 계통 보존?

응, 특징적인 유전 정보를 갖고 있거나 유전적 배경을 알고 있는 경우, 그 유전 정보를 유지하는 거야.
예를 들어 특정 질환에 대한 신약의 효과를 확인하고 싶을 때는 그 특정 질환을 갖는 계통이나 유전적으로 문제가 없는 계통의 생쥐를 사용해서 효과를 확인하기도 해. 모집단의 유전적 조건이 계통 보존이 되어 있는 상태니까 적은 표본 수로도 신뢰성 높은 데이터를 얻을 수 있어.

하지만 생쥐도 생물이니까 돌연변이가 일어날 가능성이 제로는 아니야. 그럴 경우에도 6마리 이상이면 1마리에 이상이 있어도 5마리가 남으니까 괜찮아. 하지만 4마리 이하인데 데이터가 흩어져 있다면 유의차를 얻지 못할 가능성이 있어.

 유의차 ?

 우연과 오차로 생긴 차이가 아니라 의미가 있는 차이를 말하는 거야.

그리고 실험하는 데 걸리는 시간이나 수법도 관계가 있어. 동물실험을 하려면 쥐를 사육할 필요가 있지만 마리 수가 늘어나면 사육하는 데 손이 많이 가잖아. 그리고 분석하려면 불쌍하긴 하지만 어떻게든 죽일 필요가 있는 실험도 있거든.

그 경우에는 죽이는 시간이 길어지면 데이터에 영향을 줄 수도 있기 때문에 많을수록 좋은 것도 아닌 거지.

여러 가지 사정이 있구나.

그래. 그 사정을 잘 알고 연구하지 않으면 얻어진 데이터에 신뢰성이 떨어질 수도 있고, 통계해석을 해도 의미 있는 결과가 나오지 않을 수도 있어. 그러니까 제대로 이해하고 실험해야 되는 거야. 의학적 연구 등은 특히 제대로 검증해야 되겠지.

무작위로 추출한 표본에서 모집단의 특징을 추측하는 것이 추측통계학이다. 냥이 선배가 설명했듯이 연구하는 대상이나 조사하고 싶은 것, 설정하는 조건 등에 따라 필요한 표본 수는 달라진다. 특히 자연과학 분야는 다양한 연구가 진행되고 있는데 그중에는 계산 방법이 확립되어 있는 것도 있다.

예컨대 '개와 고양이, 어느 쪽이 좋은가'와 같은 의식 조사를 하는 경우 다음과 같은 식으로 필요한 표본 수를 구할 수 있다.

$$n = \frac{\lambda^2 p(1-p)}{d^2}$$

n은 표본 수, d는 표본오차, λ는 신뢰 수준, p는 응답 비율이다.

응답 비율은 선행 사례가 있는 경우 그 비율을 이용하지만 없는 경우에는 필요한 조사 대상자 수가 최대가 되는 0.5를 사용한다.

표본오차는 용납할 수 있는 오차를 넣는다. 예를 들어 조사 결과의 오차를 3% 포인트 정도로 하고 싶다면 0.03으로 하면 된다.

신뢰 수준이란 바르게 판단할 수 있는 확률이다. 일반적으로 국가 등에서 실시하고 있는 표본조사는 신뢰 수준 95%($\lambda=1.96$)로 조사가 설계되어 있다(신뢰 수준에 관하여는 제4장 4.6에서 자세히 설명한다).

이 수치를 넣어서 계산하면,

$$표본 수 = \frac{(1.96)^2 \times 0.5(1-0.5)}{0.03^2} = (3.8416 \times 0.25) \div 0.0009 = 1067.11111\cdots$$

따라서 이 조사에서는 1,067명의 조사 대상자로부터 응답을 얻는 것이 좋다.

 계통 보존

실험동물은 의학 연구와 신약 개발 등 다양한 분야에서 활용되고 있다. 실험에 사용되는 동물에는 냐이 선배가 설명한 것처럼 유전적 배경을 알고 있고 그의 유전 정보가 계통 보존되어 있는 것을 사용한다. 태어날 때부터 관리되어 유전 정보 등 기초 데이터가 있는 동물로 실험을 하면 신뢰성이 높고 재현성도 한층 더 높은 데이터를 얻을 수 있다.

다양한 연구 분야에서 생쥐나 쥐, 토끼와 개, 돼지나 원숭이 등 많은 동물이 실험에 사용되고 있지만 일반적으로는 생쥐나 쥐가 흔히 사용된다. 그 이유로는 우선 사육하기 쉽다는 점을 들 수 있다. 생쥐나 쥐는 몸집이 작아 우리가 좁아도 되기 때문에 넓은 공간을 차지하지 않는다. 공기 조절도 가능한, 밀폐된 사육실에서 키우기 때문에 달아날 염려도 없고 질병 감염도 예방할 수 있다. 몸집이 작아 먹이를 대량으로 소비하지 않는 장점도 있다. 게다가 맹수가 아니어서 다루기도 쉽다.

그리고 세대교체가 빠르다는 점도 중요하다. 전 생애를 통해 관찰이 필요한 노화 연구나 몇 세대에 걸쳐 데이터의 축적이 필요한 유전 연구에는 수명이 짧아 세대교체가 빠른 생쥐나 쥐 같은 동물이 적합하다.

게다가 의외로 생쥐나 쥐 등이 속한 설치류는 원숭이 다음으로 인간에 가깝다. 최근 분자계통학 연구를 통해 인간과 원숭이의 동류(+날원숭이목과 나무두더지목), 설치류와 토끼목은 유전적으로 가깝고 분자계통 수(동물의 진화 과정을 수목의 줄기와 가지의 관계로 나타낸 것-옮긴이)에서는 한 그룹을 이루는 것으로 밝혀졌다.

식육목(포유류 분류의 일종. 고기를 베어 먹는 데 적합한 열육치(裂肉齒)를 갖고 있는 육식동물)인 개나 고래소목(경우제목)인 돼지(장기의 크기가 사람과 같아서 의학 실험에 활용되고 있다)는 다른 그룹을 형성하고 있으며 유전적으로는 인간에 그리 가깝지 않다.

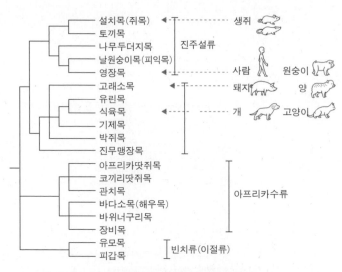

그림 3.1 포유류의 진화계통수

출처: 하세가와 마사미(2014) 〈계통수를 거슬러 올라가보면 보이는 진화의 역사〉 베레출판

게놈 해석 기술이 매우 진전된 현재는 다양한 유전자 조작 쥐도 만들어지고 있다. 유전자 조작 쥐에는 주로 유전자 파괴(녹아웃) 쥐와 유전자 도입(형질 전환) 쥐가 있다. 유전자 파괴 쥐는 특정 유전자 기능을 인공적으로 파괴함으로써 그 유전자의 기능을 해석한다. 이에 반해 형질 전환 쥐는 그 반대로 유전자를 과잉으로 혹은 장소를 바꾸어 발현시켜 기능을 해석하거나 심지어 인간 등 생쥐 이외 종의 유전자를 도입·발현시켜 기능을 해석한다.

동물실험에 대해서는 여러 의견이 있으나 사람이 장수하게 된 데는 이런 동물실험을 통한 의학 연구 덕분인 것만은 틀림없는 사실이다. 동물실험을 필요 최소한에 그치도록 배려하면서 높은 효과를 얻을 수 있는 의료 기술 발전이 요구된다고 할 수 있다.

한편, 멸종 위기에 처한 생물도 계통 보존이 되고 있다. 원래 야생생물은 서식지 내에서 보전하는 것이 이상적이다. 하지만 서식지의 파괴나 분단, 오염이나 악화 등이 진행되어 더 이상 서식지 내에서 살아갈 수 없는 상태가 된 경우에는 서식지 외 보전을 지정한다. 이는 서식지 내 보전을 보완하는 수단, 즉 최종적으로는 서식지 내에 야생 복귀시키는 것을 염두에 둔 긴급 조치의 의미가 강한 보전 대책이다.

하지만 따오기나 황새처럼 극진하게 보호해도 이미 때가 늦은 생물도 있다. 멸종을 막지 못한 사례도 많다. 현재 훌륭한 시설에서 보호 번식한 뒤 풀어놓는 생물로는 중국산 따오기와 러시아산 황새가 있다. 대단히 안타깝게도 일본산 따오기와 황새는 멸종되어 일본 집단의 계통 보존은 이루어지지 않았다.

황새

따오기나 황새처럼 넓은 서식지와 풍부한 먹이 자원 등을 필요로 하는 종의 존속은 물론 개체군을 유지할 수 있는 환경을 갖추는 일은 대상 종 이외의 생물도 보전하게 되어 건전한 생태계를 보전하는 의미 있는 활동이다. 따오기나 황새처럼 그 지역의 생태 피라미드 구조, 먹이사슬의 최상층에 있는 생물종으로, 환경에 대한 요구가 높은 종을 우산종 (umbrella species, 우산종을 보호함으로써 생태 피라미드 아래에 있는 동식물이나 생태계를 우산을 펼치듯 보호하는 데서 비롯한 개념 -옮긴이)이라고 한다. 이들의 보전상 중시되는 종이 문제없이 서식할 수 있는 환경을 지속 가능한 형태로 유지관리해야 할 것이다.

종자나 구근 등의 상태로 장기 보존하거나 복제 번식할 수 있는 식물과 달리 수컷과 암컷이 유성생식을 하는 동물의 계통 보존에는 한계가 있다. 그래도 더 이상 멸종되지 않도록 세계 규모로 멸종 위기종의 계통 보존이 이루어지고 있다. 최근 과학적 지식과 모니터링 평가에 따른 검증에 의해 계획 및 정책의 재검토를 실시하는 리스크 관리 이론을 도입한 순응적 관리라는 관리 기법이 주목을 받고 있다. 본래 순응적 관리는 수산 자원 관리에 관한 개념이다. 그런데 이 순응적 관리를 바탕으로 야생동물의 보호 관리에 따른 리스크 관리가 요구되고 있다.

일본에서도 1988년에 도쿄도가 희소동물의 보호 증식에 관한 '종(種)의 보존 계획'을 작성, 전국의 동물원과 수족관에서 희소동물의 증식 사업을 실시하고 있다. 대상이 된 희소동물은 워싱턴 조약의 부속서 Ⅰ 및 Ⅱ에 기재되어 있는 외국산이 많지만 쓰시마 들고양이 등 일본산 희소동물에도 관심을 기울이고 있다.

동물원은 일반적으로는 레크리에이션 시설의 이미지가 강하다. 그렇지만 사실 동물원은 멸종 위기종의 계통 보존에 기여하고 있다. 그간의 관점을 바꿔 동물원을 학습의 장으로 이용하고 보전 활동을 지원하는 사람이 많아졌으면 좋겠다.

동물복지와 고양이의 상황

동물복지(animal welfare)라는 말을 아는가? 국제수역사무국(World Organisation for Animal Health)에서는 '동물이 생활하고 있는 그 환경에 잘 대응하고 있는 상태를 말한다'라고 정의하고 있다. 동물이 그런 상태를 유지하려면 쾌적한 환경에서 사육 관리를 하고, 스트레스와 질병을 줄여야 한다. 즉, 인간이 동물을 사육하고 이용하는 데 동물의 행복·인도적 취급을 과학적으로 실현하고 동물 본래의 생태·욕구·행동을 존중해야 한다.

이런 생각을 토대로 다음과 같은 5가지 자유가 정해졌다.

> 1. 공복과 목마름으로부터의 자유 : 건강 유지를 위하여 동물에게 적절한 식사와 물을 충분히 제공해야 한다.
> 2. 불쾌감으로부터의 자유 : 동물을 부상이나 병으로부터 지키고, 병들면 충분한 의료 행위를 취해야 한다.
> 3. 통증이나 상처, 질병으로부터의 자유 : 과도한 스트레스를 유발하는 공포와 억압을 주지 않고 그것들로부터 지킬 것. 동물도 통증이나 고통을 느낀다는 입장에서 육체적인 부담뿐 아니라 정신적 부담도 가능하면 피해야 한다.
> 4. 정상적인 행동을 발현하는 자유 : 온도, 습도, 조도 등 각 동물에게 쾌적한 환경을 마련해주어야 한다.
> 5. 공포와 고민으로부터의 자유 : 각 동물종의 생태·습성에 따른 자연스러운 행동이 가능하도록 해야 한다. 예를 들면 무리지어 생활하는 동물의 경우 동종의 무리가 필요하다.

5가지 자유는 현재 가축뿐만 아니라 사람이 기르는 애완동물이나 실험동물 등 모든 동물에게 있어 복지의 기본으로 전 세계에서 인정하고 있다.

동물실험에 대해서는 여러 가지 의견이 있는데, 계통 보존의 칼럼에서 언급한 것처럼 의학이나 다양한 분야를 연구하는 데는 필요하다고 생각한다. 물론 위 5가지 자유를 확보한 후 필요 최소한의 실험에 그쳐야 한다는 것은 두말 할 필요도 없다. 그리고 필요 최소한의 실험으로도 효과를 얻기 위해서는 통계학이 반드시 필요하다. 적은 표본 수라도 충분한 결과를 얻을 수 있도록 추측통계학은 나날이 발전하고 있다.

고양이도 이 5가지 자유가 충분히 확보돼야 한다고 생각한다. 실내에서 소중하게 키우는 고양이는 때로 사람이 부러워할 만큼 행복하게 살지만 야외에서 사는 고양이는 가혹한 생활을 한다. 먹이를 충분히 구할 수 없는 길고양이는 먹지 못해 깡마른 경우가 많다. 이런 고양이는 아사할 수도 있다. 고양이 에이즈나 고양이 백혈병, 기생충증 같은 병에 걸려도 적절한 치료를 받을 수 없다. 또한 교통사고 위험에도 노출되어 있는 데다 사람들로부터 학대 받는 일도 있다. 쾌적하고 안전한 거처를 확보하기도 어렵다.

그리고 지금도 여전히 많은 고양이를 살처분(불필요하거나 인간에게 해를 끼치는 동물을 법적 절차에 따라 죽여서 처분하는 일)하고 있다. 2017년도(2017년 4월~2018년 3월)에는 13,243마리의 고양이와 21,611마리의 새끼고양이, 합계 34,854마리의 고양이를 살처분했다. 2015년도에는 67,091마리, 2016년도에는 45,574마리로 해마다 감소하고는 있지만 아직도 너무 많은 고양이를 살처분하고 있다. 이에 반해 살처분하는 개의 숫자는 고양이의 1/4 수준이다. 개는 조례 등에서 묶어 기를 것을 권하고 있어 들개 수가 감소한 것이 고양이보다 살처분하는 숫자가 적은 이유라고 할 수 있다. 묶어 기르기가 어려운 고양이의 경우는 철저한 피임과 거세, 완전한 실내사육으로 길고양이 수를 줄이면 살처분하게 되는 고양이 숫자가 줄어들 것이다.

- 기아와 목마름으로부터의 자유
- 고통, 상해 또는 질병으로부터의 자유
- 공포 및 고민으로부터의 자유
- 물리적, 열적 불쾌함으로부터의 자유
- 정상적인 행동을 할 수 있는 자유

그림 3.2 적절한 동물 취급을 위한 기본 원칙: 5가지 자유
출처: 〈농림수산성 동물복지에 대응한 채란 닭 사육관리지침〉

고양이의 번식

고양이를 피임이나 거세하는 불임수술에 관해서는 찬성하는 사람도 있고 반대하는 사람도 있다. 하지만 현재 살처분하는 수를 감안하면 어쩔 수 없다고 생각하는 사람이 많을 것이다.

고양이는 번식력이 높은 동물이다. 성 성숙(性成熟), 즉 새끼를 낳을 수 있을 정도로 성장하는 속도가 빨라 대략 생후 6개월 정도에서 발정한다. 기본적으로 고양이의 발정기는 봄이다. 그렇지만 일조 시간이 길어지면 발정하기 때문에 인공적인 밝은 환경에 노출되어 있는 도시에서는 겨울에도 발정하는 것을 볼 수가 있다. 그리고 교미 배란이라고 해서 교미할 때의 자극으로 배란하기 때문에 임신율은 거의 100%다. 게다가 고양이는 폐경이 없다. 암고양이는 고령이 되어서도 임신이 가능하다. 평생 낳는 새끼고양이의 수가 경우에 따라서는 40마리를 넘을 수도 있다.

새끼고양이는 귀엽다. 고양이 새끼가 보고 싶다는 마음을 이해하지 못하는 것은 아니다. 그렇지만 태어난 새끼고양이의 주인을 찾아주기는 힘들다. 불임수술을 하지 않고 고양이를 키우다 태어난 새끼고양이를 감당하지 못하고 유기하거나 보건소에 데려오는 예가 많다. 한편 방치하지는 않지만 자신의 사육 능력을 고려하지 않고 무책임하게 많은 고양이를 낳게 해 키우다 결국 돌볼 수 없게 되는 과승다두사육(애니멀 호딩 animal hoarding)도 문제가 되고 있다. 그런 문제를 일으키지 않기 위해서도 불임수술은 필요하다.

불임수술 비용은 성별의 차이가 있다. 개복이 필요한 암고양이의 피임수술은 수고양이의 거세수술보다 비싸기 때문에 꺼리는 사람도 있다. 하지만 자치 단체에 따라서는 고양이의 불임수술 비용을 지원해주는 곳도 있다. 불임수술을 할 때는 거주지의 자치단체나 단골 동물병원 등에 상담해보는 것도 좋다.

고양이의 불임수술은 예전에 비해 상당히 늘었다. 그래도 고양이를 번식시키고 싶은 사람이 있을 것이다. 특히 순혈종의 경우에는 현저하다. 고양이를 번식시킬 경우 수의학적인 지식은 물론 유전적 배경도 파악해 건강을 배려한 번식 계획을 세워야 한다. 왜냐하면 순종에서 비교적 많이 볼 수 있는 유전성 질환이 몇 가지 알려져 있기 때문이다. 예를 들어 스코티시폴드 특유의 골류(골혹)나 이국적 쇼트헤어에 비교적 많이 나타나는 다발성 낭포신질환 등이 대표적인 유전성 질환이다. 개인적으로는 불행한 고양이를 더 이상 늘리지 않기 위해서도 전문적인 지식이 필요하며 고양이를 번식시키기 위해서는 국가 자격에 해당하는 면허를 취득해야 한다고 생각한다.

　마지막으로 고양이 분양에 대해서도 언급하고자 한다. 고양이를 좁은 진열장에 넣어 파는 애완동물 가게는 전국 어디서나 볼 수 있다. 이러한 고양이들 가운데는 어미고양이와 함께 보내야 할 것 같은 새끼고양이도 적지 않다. 그런데 새끼고양이를 너무 일찍부터 어미고양이로부터 떼어놓으면 성장 후 문제 행동으로 이어질 가능성이 있다.

　2017년 핀란드 헬싱키대학 연구팀이 '생후 8주도 되지 않은 고양이를 어미고양이로부터 떼어놓을 경우 이 고양이는 생후 12~13주 정도에 어미로부터 떼어놓는 고양이보다 문제 행동을 일으킬 확률이 훨씬 높다'는 논문을 발표했다. 이 문제 행동은 낯선 사람에 대한 공격성이다. 이뿐 아니라 많은 동물 종에서 사육동물의 이상 행동도 보고되고 있다. 같은 행동을 반복하는 정형행동을 보이는 것이다. 고양이의 정형행동은 과잉 구르밍(털이 빠질 때까지 털을 닦는 행동)과 양털 흡입(담요나 수건 등을 빠는 행동)과 같은 문제 행동으로 나타난다.

　이들 연구 결과를 바탕으로 새끼고양이와 엄마고양이를 떼어놓는 타이밍은 14주 이후에 해야 한다고 헬싱키대학 논문은 주장하고 있다. 14주는 생후 3개월 정도밖에 되지 않은 나이다. 빨리 시장에 공급하고 싶은 번식업자들은 반발할 것이다. 소비자 측도 새끼고양이가 더 귀엽다고 생각할지도 모른다. 하지만 고양이와 인간이 행복하게 살기 위해서는 생후 3개월 정도까지는 어미고양이와 지내는 편이 좋다. 현재의 문제를 바꾸려면 법 규제가 필요하지 않을까 생각한다.

생후 3개월 정도까지는
함께 지내야 하는 거야♪

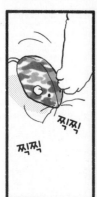
찍찍
찍찍

살금

냥이는
왼손잡이구나!

에?

살금
살금

그러고 보니
왼손을 많이
사용하네.

냥이
선배는?

응!?

그래?

그럼

이런 데이터도
통계해석을 할 수
있는 거야?

나도 왼손잡이야.
사실 수고양이는
왼손잡이가 많대.

영국의 연구팀이
조사해봤더니
그렇대나 봐.

재밌네

숫자 데이터는
계산할 수 있는데
이건 숫자가
아니잖아!

오호

잘도 눈여겨
보았구나.

데이터에도
종류가
있어.

예를 들어 이런
설문조사가
있다고 하자.

냥이
대답해 볼래?

🐱 고양이 설문조사 🐱

Q1. 성별은?
　1. 수컷　2. 암컷　3. 거세 수컷　4. 피임 암컷

Q2. 어느 손을 주로 사용하는가?
　1. 오른손　2. 왼손

Q3. 좋아하는 맛은 어떤 것인가?
　1. 물론 치킨　2. 생선 Love!!　3. 고급 비프

Q4. 털색은?
　1. 검은색 2. 흰색 3. 갈색 4. 삼색털 5. 기타 ( )
　브라운 매커럴 태비 앤 화이트

Q5. 자신은 어떤 성격이라고 생각하는가?
　1. 장난꾸러기　2. 느긋하고 대범함 3. 츤데레
　4. 응석둥이 5. 신경질적 6. 화를 잘 냄

Q6. 몇 살인가?　　　　　0, 3살

Q7. 몸무게는 몇 kg인가?　　　1, 1 kg

Q8. 수면시간은 하루 몇 시간 정도인가?　20 시간

Q9. 밥은 하루에 몇 번 먹고 싶은가?

　　　　　　　　　10 번

…

설문을
작성하고
나니까
또 밥
먹고 싶당~

대식가

좋아!

그럼
이 설문조사를
토대로 생각해보자.

다 됐다~

표 3.1 설문조사 결과의 집계

	Q1	Q2	Q3	Q4	Q5	Q6	Q7	Q8	Q9
	성별	주로 사용하는 손	좋아하는 맛	털색	성격	나이 (살)	몸무게 (kg)	수면시간 (시간)	밥 먹는 횟수(번)
냥이	수컷	왼손	치킨	블루	장난꾸러기	0.3	1.1	20	10
냥이 선배	거세 수컷	왼손	치킨	블루	응석둥이	18	3.5	19	2
A 고양이	수컷	왼손	생선	검정	장난꾸러기	1	5.2	12	10
B 고양이	암컷	오른손	생선	갈색	츤데레	2	3.0	12	2
C 고양이	암컷	오른손	비프	삼색털	신경질적	7	2.7	18	2
D 고양이	암컷	왼손	치킨	삼색털	츤데레	5	2.3	13	2
E 고양이	피임 암컷	오른손	생선	얼룩	화를 잘 냄	9	4.0	19	3
F 고양이	거세 수컷	왼손	치킨	검정	느긋하고 대범함	11	7.5	20	8
G 고양이	수컷	오른손	비프	흑백	신경질적	1	6.8	12	8
H 고양이	피임 암컷	오른손	생선	흰색	화를 잘 냄	8	3.6	19	3

이 설문에는 개성적인 질문도 몇 가지 섞여 있어. 결과를 표로 만들어본 거야.

냥이 선배, 밥은 하루에 두 번만 먹어도 되는 거야? 부족할 것 같은데~!

이제껏 두 번 먹었는데 부족하다고 생각한 적은 없었어.
그보다 이 표에서 뭔가 눈치 챈 건 없니?

음… Q1~5는 단어이고, Q6~9는 숫자?

데이터는 분류나 구분을 나타내는 질적 데이터가 있고, 수치로 측정할 수 있어
숫자의 크고 작음에 의미를 갖는 양적 데이터가 있단다.
그렇게 분류하면 Q1~5는 질적 데이터, Q6~9는 양적 데이터인 거야.

음. 숫자로 나타낼 수 있는 건 모두 양적 데이터인 거야?

아니, 그렇지 않을 때도 있어 양적 데이터에는 단위가 있거든. 이 설문에서는 나
이 : 살, 몸무게 : kg, 수면시간 : 시간, 밥 먹는 횟수 : 번 같은 게 있잖아. 하지만 질
적 데이터에는 단위가 없어.

좀 더 자세히 설명하자면 양적 데이터에는 단위가 붙고 측정할 수 있기 때문에
같은 간격으로 눈금이 있지. 예를 들면 나이는 1살, 2살, 3살…… 과 같은 식으로
1년(12개월)이라는 같은 간격의 눈금으로 구분돼. kg도 시간도 번(회)도 마찬가지

야. 그런데 수컷과 암컷, 거세 수컷이나 피임 암컷 사이의 간격은?

 수컷과 암컷 사이…성 전환자?

아!……. 뭐, 어떤 의미에선 틀린 건 아니지만 이 경우 거세 수컷에 가까워. 까다롭네.

그게 아니라 수컷과 암컷, 거세 수컷, 피임 암컷 간격은 눈금이 없고, 동일하다고 판단할 수 없잖아. Q3의 좋아하는 맛도 그래. 치킨과 생선과 비프인데다가 털색은 더 어려워. 그런 건 평균이나 최댓값 같은 걸 구해도 의미가 없잖아?
게다가 수컷이나 암컷이라는 것은 보통 수컷이 ◯%, 암컷이 ◯%…라는 느낌이어서 전체적인 비율을 구하면 구분이나 분류가 쉬워지는 법이니까……

아, 맞아~그건 이해가 되네.

이렇게 데이터 유형에 따라 집계 방법이 바뀌거든. 그러니까 조사한 데이터가 질적 데이터인지, 양적 데이터인지를 확실히 알고 데이터 종류별로 그에 맞는 해석을 해야 되는 거야.

조사로 얻은 데이터가 양적 데이터인 경우에는 평균값과 중앙값 등을 계산할 수 있다. 그리고 그 계산 결과로 모집단의 특징을 파악할 수 있다. 하지만 설문조사 결과를 수치화하기는 어려워도 경향은 파악할 수 있는 것이 많다. 냥이 선배가 설명한 것처럼 각 항목의 비율을 알면 모집단의 경향을 파악할 수 있다. 각각 집계 방법이 다르므로 먼저 얻어진 데이터를 질적 데이터와 양적 데이터로 정확히 분류해야 한다.
질적 데이터는 범주형 데이터(자료) 데이터, 양적 데이터는 수치형 데이터(자료) 데이터라고도 한다.

고양이가 주로 사용하는 손

고양이 손(앞발)을 보면 형용할 수 없을 정도로 귀엽다고 느끼는 사람이 많다. 키워주는 주인을 능숙한 손으로 가볍게 쿡쿡 찌르거나 쓰다듬으며 재촉하는 고양이 – 그런 동영상을 어떤 사이트에서 본 적이 있다. 그 엄청난 애교에 나도 모르게 웃고 말았다. 이렇게 귀여운 고양이의 손에도 인간처럼 주로 사용하는 손이 따로 있는 것으로 나타났다.

영국의 연구팀이 흥미로운 조사를 실시했다. 이 조사에서는 북아일랜드 가정에서 키우고 있는 고양이 42마리(수컷 22마리, 암컷 20마리)를 대상으로 다음과 같은 세 가지 행동을 3개월 동안 관찰했다.

1. 화장실에 들어갈 때는 어느 손(앞발)부터 내딛는가?
2. 계단을 내려갈 때는 어느 손(앞발)부터 내딛는가?
3. 누워 뒹굴 때는 몸의 어느 쪽을 아래로 하는가?

좁은 구멍 속에서 먹이를 꺼낼 때 어느 쪽 손(앞발)을 사용하는지도 살펴봤다.

이 조사는 고양이가 평소와 같은 행동을 취하도록 유도하기 위해 고양이가 사는 집에서 실시했다. 조사 대상의 행동이 평소 지내는 환경 속에서 행해진 자발적이라는 것은 행동학 조사에서 아주 중요하기 때문이다.

조사 결과 전체 70% 정도의 고양이는 주로 사용하는 손이 있다는 것을 알아냈다. 통계적으로 수컷은 왼손을, 암컷은 오른손을 사용하는 경향이 있다는 것도 알아냈다.

성별과 자주 쓰는 손에 관계가 있다는 것을 사람들도 많이 알고 있다. 사람의 경우는 전반적으로 오른손잡이가 많지만 그래도 남성이 여성보다 왼손잡이가 많다고 한다. 성호르몬과 관계가 있다는 설도 있으나 아직 그 구조나 원인은 밝혀지지 않았다.

"고양이가 이런 행동을 보이는 것은 이런 기분 때문이다."

이러한 고양이 기분을 대변하는 듯한 기사를 가끔 고양이 잡지나 인터넷에서 볼 수가 있다. 그런 기사를 볼 때마다 '조사를 통해서 얻은 결과일까? 짐작으로 말하는 건 아닐까?' 하는 생각이 들기도 한다. 그래서일까? 이렇게 확실히 조사해서 얻은 데이터를 통계해석해서 결과를 도출하는 논문을 보면 반갑다.

이 조사는 영국에서 한 것이지만 일본에서 하면 어떤 결과가 나올까? 성별뿐 아니라 품종 간에도 차이가 있을까? 더 많은 데이터를 수집해서 해석하고 싶어진다.

여러분이 기르는 고양이는 어떤가? 한번 조사해보자.

설문조사에서 하루에 10끼를 먹고 싶다고 했잖아.

움찔

살 좀 쪘니?

어

진짜?

내 몸무게를 추월하겠는데!

잉.

추월할 거야!

근데 키로 자랄 걸~

키로 자라면 어떻게 될까?

나는 북쪽 스코틀랜드 원산의 스코티시폴드야. 그러니까

재패니즈 밥테일 고양이보다는 골격이 커.

그래? 원산지가 크기랑 관계가 있어?

밥테일

시베리아고양이

크다

노르웨이 숲고양이

중중간~크다

크다

스코티시폴드

페르시안

중간~크다

삼

작다~중간

재패니즈밥테일

작다~중간

싱가푸라

북쪽의 추운 지역이 원산인 고양이는 다 커~

시베리아고양이나 메인쿤은 10kg 이상 되는 것도 있거든.
이에 반해 남쪽의 싱가푸라는 2~3kg 밖에 안 돼

우선 대표적인 품종, 고양이 종의 데이터를 표로 만들어보자.

표 3.2 대표적인 개의 몸무게

품종	대략적인 몸무게 (kg)
시바견	11.5
치와와	2.0
토이 푸들	6.0
불도그	23.0
아키타견	40.0
그레이트 데인	47.0
골든 리트리버	29.5
셰틀랜드 쉽독	6.5
세인트 버나드	70.5
티베탄 마스티프(일명 사자개)	8.0

표 3.3 대표적인 고양이의 몸무게

품종	대략적인 몸무게 (kg)
재패니즈밥테일	3.8
스코티시폴드	4.3
아메리칸 쇼트헤어	5.0
싱가푸라	2.8
페르시안고양이	4.9
샴고양이	3.3
메인쿤	6.5
노르웨이숲고양이	5.5
러시안블루	3.6
시베리아고양이	6.8

 이번에는 각 품종의 크기를 상상할 수 있는 값(대략적인 몸무게)을 만들어봤다. 사실은 품종마다 평균 체중을 알수 있으면 좋겠지만 개나 고양이 같은 포유류는 기본적으로 수컷이 몸집도 크고 체중도 차이가 많이 나지. 이렇게 암컷과 수컷 이성 간에 나타나는 형질 차이를 성적 이형(성차)이라고 하는데, 그 때문에 어떤 자료에서나 수컷 ◯~◯kg, 암컷 ◯~◯kg와 같은 식으로 표기하는 경우가 많아.

그렇긴 해도 수컷과 암컷을 각각 엄밀히 계산하기는 힘들거든. 지금은 통계에 대한 개념만 이해하면 되니까 여기에서는 편의상 최댓값과 최솟값의 중간을 취하는 것으로 하자.

😊 자, 우선은 이전에 공부한 평균값과 중앙값을 계산해보자.

▍개의 경우

평균값은

$$11.5+2.0+6.0+23.0+40.0+47.0+29.5+6.5+70.5+8.0=244.0$$
$$244.0÷10=24.4kg$$

중앙값은

$$2.0, \ 6.0, \ 6.5, \ 8.0, \ \boxed{11.5, \ 23.0,} \ 29.5, \ 40.0, \ 47.0, \ 70.5$$
$$(11.5+23.0)÷2=17.25≒17.3kg$$

▍고양이의 경우

평균값은

$$3.8+4.3+5.0+2.8+4.9+3.3+6.5+5.5+3.6+6.8=46.5$$
$$46.5÷10=4.65kg$$

중앙값은

$$2.8, \ 3.3, \ 3.6, \ 3.8, \ \boxed{4.3, \ 4.9,} \ 5.0, \ 5.5, \ 6.5, \ 6.8$$
$$(4.3+4.9)÷2=4.6kg$$

😊 개의 경우는 평균값과 중앙값이 많이 다르잖아. 그런데 고양이의 경우는 평균값과 중앙값이 거의 같아.
그럼 이걸 보기 쉽게 표로 만들어보자.

표 3.4 개의 품종과 몸무게

계급 이상 | 미만 (kg)	품종
70~80	세인트 버나드
60~70	–
50~60	–
40~50	아키타견, 그레이트 데인
30~40	
20~30	골든 리트리버, 불도그
10~20	시바견
0~10	치와와, 토이 푸들, 티베탄 마스티프, 셰틀랜드 쉽독

표 3.5 고양이의 품종과 몸무게

계급 이상 | 미만 (kg)	품종
6~7	시베리아고양이, 메인쿤
5~6	아메리칸 쇼트헤어, 노르웨이숲고양이
4~5	스코티시폴드, 페르시안고양이
3~4	재패니즈밥테일, 샴고양이, 러시안블루
2~3	싱가푸라
1~2	–
0~1	–

 먼저 왼쪽 숫자를 설명해줄게.
개의 그래프는 0~10, 10~20과 같은 식으로 10씩 나뉘어 있고 고양이의 그래프는
0~1, 1~2와 같은 식으로 간격이 1이야. 이 등간격의 단락을 통계학에서는 계급이
라고 하는데, 이 계급은 예를 들어 0~10이라면 0 이상 10 미만이라는 걸 의미해.

 아, 데이터 종류에서 나온 등간격의 눈금을 말하는 거네!

 그래. 잘 기억하고 있구나. 훌륭한데!

 그런데 계급의 숫자가 개와 고양이가 다르네?

 잘도 눈여겨봤네. 개와 고양이의 경우는 몸무게의 폭이 달라. 개의 계급값에 고
양이를 넣으면 모두 0~10에 들어가 버리거든. 그만큼 개의 몸무게 폭이 크다는
걸 알 수 있지.

 개는 큰 것부터 작은 것까지 참 다양하잖아~

 개는 인간의 편의대로 품종 개량을 해서 개성이 풍부해. 개에 비하면 고양이는
기본적으로는 그리 차이가 없다고 할 수 있어.

 고양이도 다양하다고 생각했는데 개에 비하면 아무것도 아니네.

하하하. 그럼 좀 더 자세히 살펴볼까.

먼저 각 계급에 해당하는 숫자 말인데, 이 경우는 품종의 수를 도수라고 해. 그리고 계급값이란 각 계급의 중앙값을 말하지. 음, 각 계급의 간판 같은 거라고 생각하면 돼.

그래서 어떤 품종의 몸무게가 얼마나 나가는지 다음과 같이 대충 나눠봤어.

표 3.6 도수와 계급값(개)

계급 이상 | 미만 (kg)	개 품종	도수	계급값
70~80	세인트 버나드	1	75
60~70	–	0	65
50~60	–	0	55
40~50	아키타견, 그레이트 데인	2	45
30~40	–	0	35
20~30	골든 리트리버, 불도그	2	25
10~20	시바견	1	15
0~10	치와와, 토이 푸들, 티베탄 마스티프, 셰틀랜드 쉽독	4	5

표 3.7 도수와 계급값(고양이)

계급 이상 | 미만 (kg)	고양이 품종	도수	계급값
6~7	시베리아고양이, 메인쿤	2	6.5
5~6	아메리칸 쇼트헤어, 노르웨이숲고양이	2	5.5
4~5	스코티시폴드, 페르시안	2	4.5
3~4	재패니즈밥테일, 삼고양이, 러시안블루	3	3.5
2~3	싱가푸라	1	2.5
1~2	–	0	1.5
0~1	–	0	0.5

 그럼 여기서 해석 좀 해볼까. 각 계급에 속하는 품종이 전 10품종에 대해서 어느 정도 비율인지 계산해보자. 이 비율을 통계학에서는 상대도수라고 해.

상대도수=도수÷총수   비율=상대도수×100

참고로, 일반적으로 비율은 %로 나타내고, 상대도수는 소수점으로 나타내니까 잘 알아둬.

표 3.8 상대도수(개)   합계 10품종

계급 이상 | 미만 (kg)	개 품종	도수	계급값	상대도수	비율
70~80	세인트 버나드	1	75	0.1	10%
60~70	–	0	65	0	0%
50~60	–	0	55	0	0%
40~50	아키타견, 그레이트 데인	2	45	0.2	20%
30~40		0	35	0	0%
20~30	골든 리트리버, 불도그	2	25	0.2	20%
10~20	시바견	1	15	0.1	10%
0~10	치와와, 토이 푸들, 티베탄 마스티프, 셰틀랜드 쉽독	4	5	0.4	40%

 어때? 개와 고양이 몸무게의 특징을 파악했는지 모르겠네.

 개의 경우, 세인트 버나드는 유난히 무거운 것 같아.
게다가 소형 개의 비율도 높아. 대형 개가 소형 개의 몇십 배나 된다는 게 정말 신기해. 그래도 같은 개인데 말이야. 이상하네.

 정말~ 그에 비하면 고양이 몸무게는 거기서 거기지.

표 3.9 상대도수(고양이)   합계 10품종

계급 이상 | 미만 (kg)	고양이 품종	도수	계급값	상대도수	비율
6~7	시베리아고양이, 메인쿤	2	6.5	0.2	20%
5~6	아메리칸 쇼트헤어, 노르웨이숲고양이	2	5.5	0.2	20%
4~5	스코티시폴드, 페르시안고양이	2	4.5	0.2	20%
3~4	재패니즈밥테일, 샴고양이, 러시안블루	3	3.5	0.3	30%
2~3	싱가푸라	1	2.5	0.1	10%
1~2	–	0	1.5	0	0%
0~1	–	0	0.5	0	0%

 표로 정리하니까 알기 쉽네.

 그렇지. 이전에도 설명했지만 이 표를 도수분포표라고 하는 거야. 알고 있으면 편리하니까 잘 기억해 둬.

 네~.

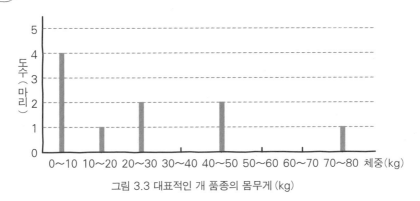 자, 표로 정리했으니까 이젠 히스토그램을 작성해보자.

그림 3.3 대표적인 개 품종의 몸무게 (kg)

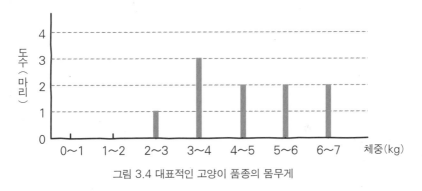

그림 3.4 대표적인 고양이 품종의 몸무게

 역시 10kg도 안 나가는 소형 개가 많네~. 그래서 세인트 버나드는 빠져 있군(웃음). 그래프 모양이 좀 이상한 것 같아.

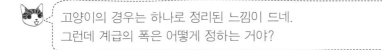 표로 파악한 특징을 히스토그램으로 보니까 보다 명확해졌어.

고양이의 경우는 하나로 정리된 느낌이 드네.
그런데 계급의 폭은 어떻게 정하는 거야?

특별히 정해진 것은 없으니까 분석할 때 판단하면 돼. 고민이 되면 계급 폭을 바꿔 히스토그램을 몇 개 만들어보면 되고. 그중에서 특징을 뽑기 쉬운 것을 채용하면 되는 거지.

여기까지 분석하면서 뭔가 알게 된 건 없니?

음, 개는 최솟값과 최댓값의 폭이 크고 평균값과 중앙값이 치우쳐 있는 것 같아. 소형 개가 많아서 세인트 버나드는 빠져 있네. 그래프도 정리되지 않은 느낌이고.

고양이는 최솟값과 최댓값의 폭이 작고 평균값과 중앙값도 거의 같아. 그래프는 그런 대로 정리되어 있고.

그래. 특징을 잘 찾았구나.
개의 그래프처럼 정리되지 않은 상태를 데이터가 들쭉날쭉하다고 하는 거야.

들쭉날쭉하면 좋지 않은 거야?

좋고 나쁘고의 문제가 아니라 데이터의 분포를 파악하는 것이 중요한 거지

또 어려워지네….

그래 알았어. 그럼 오늘은 이쯤에서 마치자.

평균값과 중앙값은 모집단의 특징을 나타내지만 모집단의 분포까지는 알 수 없다. 그래서 도수분포표나 히스토그램을 작성해서 분포를 파악한다.

베르그만의 법칙과 앨런의 법칙

외부 온도에 관계없이 체온을 늘 일정하게 유지할 수 있는 동물을 항온동물이라고 한다. 항온동물은 동일한 종이라도 한랭한 지역에 사는 것일수록 몸이 크고, 유연관계가 깊은 근연종의 경우는 대형 품종일수록 한랭한 지역에서 서식하는 경향이 있는데, 이를 베르그만의 법칙이라고 한다.

그림 3.5 베르그만의 법칙과 앨런의 법칙

몸집이 커지면 체중에 대한 표면적이 작아진다. 그러면 체표면에서 방출하는 열을 억제할 수 있어 가혹한 한랭지에서 살기 유리해진다. 대표적인 예로 곰의 종류가 잘 알려져 있다. 한랭지에 사는 북극곰은 몸집이 크다. 온대에 서식하는 반달가슴곰은 중형, 열대에 사는 태양곰(말레이곰)은 소형이다.

일본 사슴의 경우도 한랭한 홋카이도에 서식하는 에조사슴이 가장 크고, 남쪽 게라마제도에 서식하는 게라마사슴이 가장 작다.

베르그만의 법칙과 유사한 법칙으로 앨런의 법칙이 있다. 항온동물은 같은 종의 개체 혹은 이와 유사한 것은 한랭한 지역에 사는 것일수록 귀, 주둥이, 목, 다리, 꼬리 같은 돌출부가 짧은 경향이 있다. 이것을 앨런의 법칙이라고 한다. 이런 경향이 생기는 요인으로는 다음 두 가지를 생각할 수 있다. 하나는 더운 지역에서의 원인이다. 더우면 체내에 열이 생겨 열사병이 생기기 쉽다. 에어컨 등을 사용할 수 없는 동물은 체내의 열 방출량을 늘리는 효과를 내기 위해 체표면적을 넓히는 방향으로 진화했다. 돌기부가 커질수록 체표면적이 넓어져서 열 방출량이 늘어나는 것이다.

또 하나는 한랭한 지역에서의 요인이다. 돌출부에서 체온을 빼앗기면 동상에 걸리기 쉽기 때문에 표면적이 작은 편이 유리하다. 앨런의 법칙을 찾아볼 수 있는 대표적인 예는 여우류다. 뜨거운 사막에 사는 사막여우는 큰 귀가 특징적이다. 이에 반해 한랭지에 서식하는 북극여우의 귀는 작고 둥글다.

이런 법칙은 동종이나 근연종에서 쉽게 볼 수 있다. 생물의 분류에서 유연관계가 없는 종에는 적용할 수 없으므로 주의할 필요가 있다.

고양이처럼 인간이 각지로 퍼트린 동물도 베르그만의 법칙이나 앨런의 법칙을 적용되지 않는 경우가 있다. 고양이가 사람과 살기 시작한 지는 1만 년 남짓 된다. 인간이 품종 개량을 시작하기도 전에 각 지역에서 그 지역의 기후 풍토의 영향을 받아 독특한 형태를 가진 자연 발생 고양이의 품종이 몇 가지 탄생했다.

냥이 선배가 소개해준 시베리아고양이는 고양이 중에서는 메인쿤과 나란히 최대급이다. 남아 있는 기록은 별로 없지만 시베리아고양이는 고대부터 존재한 것으로 알려져 있다. 혹한의 시베리아에 적응한 두툼한 털과 탐스러운 다리가 시베리아고양이의 특징이다. 시베리아고양이의 수컷은 10kg이나 되는 개체도 있을 정도로 대형이다.

마찬가지로 최대급인 메인쿤도 겨울 추위가 심한 미국 북단에 위치한 메인주가 원산지다. 메인쿤도 시베리아고양이와 마찬가지로 두꺼운 털과 큰 몸집을 갖고 있다. 메인쿤은 '세계 최대의 고양이', '세계에서 가장 긴 고양이', '세계에서 가장 꼬리가 긴 고양이' 세 부문에서 기네스 인증도 받았다. 몸집이 크면 무섭다고 느끼는 사람도 있을지 모르겠지만 온화한 거인(젠틀 자이언트)이라 불릴 정도로 성격이 온순하고 인간에 충실해 인기가 있다.

메인쿤

이에 반해 싱가푸라는 가장 작은 품종으로 알려져 있다. 싱가푸라 품종이 보급되기 시작한 것은 1970년대로 비교적 최근인데 싱가푸라의 조상은 싱가포르에 서식하던 자연 발생 길고양이다. 주로 하수구에 살던 드레인(drain) 캣이라는 길고양이 중에서 몸집이 작은 브라운 틱드 태비(갈색으로 털 한 올 한 올에 짙고 옅은 색깔의 줄무늬가 있다) 고양이 5마리를 골라 미국으로 데려가 품종 개량을 거듭해서 탄생시킨 것이 싱가푸라다.

싱가푸라

리비아살쾡이

고양이의 조상인 리비아살쾡이는 몸무게가 3~6.5kg이다. 한랭지에서는 리비아살쾡이들고양이가 대형 고양이로 진화했고, 더운 지역에서는 소형 고양이로 진화했다. 사람들이 세계 각지로 고양이를 데려갔고 그 환경에 적응한 결과 대형 또는 소형 고양이로 진화한 것이다.

이외에도 자연 발생 고양이는 많다. 예를 들면 샴고양이, 페르시안고양이, 아비시니안, 노르웨이숲고양이, 아메리칸 쇼트헤어 그리고 일본에서 자연 발생한 재패니즈밥테일 등이 있다. 터키시앙고라, 터키시반, 유러피언 쇼트헤어, 이집션마우, 스핑크스, 픽시밥 같은 희귀 품종도 있다. 이들 모두가 자연 발생 고양이다.

개와 고양이의 품종 개량

개는 가장 오래된 가축이다. 인류가 이동하면서 수렵·채집 생활을 하던 시절, 수렵의 협력자로 인간은 개를 가축화했다. 그 후 목적에 따라 품종이 다양하게 개량되었다. 후각이 뛰어난 경찰견이나 마약 탐지견, 인간의 생활을 지원하는 맹도견이나 청도견, 개의 본능을 이용하는 사냥개나 목양견처럼 현재도 폭넓은 분야에서 워킹 도그로 활약하는 개가 있다.

개의 조상은 북반구에 널리 서식하는 회색늑대다. 그런데 대부분의 개 품종은 조상인 늑대와 다른 형태를 갖고 있다. 체중을 한 예로 들 수 있다. 회색늑대의 체중은 25~50kg이다. 반면에 개는 10~15kg 미만이 소형 개, 20kg 안팎이 중형 개, 25~30kg 이상이 대형 개, 40kg 이상이 초대형 개로 크게 나뉜다. 체중이 가장 많이 나가는 세인트 버나드는 90kg 이상 되는 것도 있다. 조상인 늑대보다 훨씬 크게 개량된 것이다. 한랭한 산악지대에서 조난자를 구조하는 세인트 버나드는 때로 사람을 등에 실어 나르기도 했다. 그 때문에 큰 몸집이 필요했을 것이다.

한편 사역동물이 아니라 애완동물로 개량된 것이 소형 개다. 조상인 회색늑대와는 조금도 닮지 않은 형태로 개량되었다. 체중 1.5kg 정도 되는 치와와나 1kg 정도 되는 토이 푸들 등 작고 귀여운 개 품종이 인기다. 같은 개라도 세인트 버나드와 치와와는 체격 차이가 너무 커서 자연교배에 무리가 있다. 그만큼 개는 다양해졌다.

이에 반해 고양이의 조상인 리비아살쾡이는 원래 쥐를 잡는 능력이 있었다. 이 능력은 사람에게 도움이 되었기 때문에 개처럼 사용하는 목적에 따라 품종을 개량하지는 않았다. 그보다 인간은 '귀엽다'는 이유로 리비아살쾡이를 길렀다. 즉, 원래 갖고 있는 성질이 마음에 들어서 극단적인 품종 개량을 할 필요가 없었다. 고양이가 귀여운 이유는 고양이를 너무도 귀여워한 나머지 사용하는 목적에 따라 극단적인 품종 개량을 하지 않았기 때문일 것이다.

오히려 귀여움을 더욱 추구하는 식으로 품종을 개량했다. 특히 아름다운 털이 주목을 받아 거듭 품종을 개량했다. 모양과 털색, 털의 형상 등이 다양하게 변형된 고양이를 볼 수 있게 되었다. 더욱이 최근에는 귀 모양이나 다리 길이 등에도 주목하고 있다.

하지만 개와 같은 리스크가 고양이한테도 나타날 수 있다. 너무나 특징적인 형질을 추구하다 보면 유전성 질환 등이 표출될 수 있다. 충분한 지식을 가지고 건전한 교배를 해야 할 것이다.

Column 📖 성적 이형

같은 종의 암·수에서 나타나는 형태나 운동 능력, 행동의 차이를 성적 이형(sexual dimorphism)이라고 한다.

먼저 형태의 차이에 대해 살펴보겠다. 예컨대 많은 포유류에서는 수컷이 암컷보다 몸집이 크다. 냥이 선배도 설명했듯이 내가 전문으로 연구하는 족제비과 동물에서도 큰 것은 수컷, 특히 일본 족제비는 성적 이형이 현저한다. 수컷은 체중이 290~650g이지만 암컷은 115~175g밖에 되지 않는다. 어른과 아이만큼이나 다르다.

이처럼 척추동물은 대부분 수컷의 몸집이 크다. 반대로 암컷 쪽이 큰 동물도 있다. 잘 알려지지 않았지만 개구리는 척추동물 중에서는 예외적으로 암컷이 수컷보다 크다. 그 밖에 벼룩을 비롯한 무척추동물에는 암컷이 수컷보다 큰 예가 꽤 있다. 아귀처럼 왜웅(矮雄)이라고 해서 암컷보다 수컷이 극단적으로 작은 예도 있다.

아귀

암컷

수컷

장수풍뎅이

수컷

암컷

형태가 다른 예로는 사자, 꽃사슴, 장수풍뎅이, 사슴벌레 등이 유명하다. 사자의 갈기는 수컷밖에 없다. 꽃사슴 중 뿔을 가진 것도 생후 1년 이상의 수컷뿐이다. 장수풍뎅이나 사슴벌레도 수컷만 멋진 뿔을 갖고 있다.

새들도 수컷이 멋지고 긴 장식깃을 갖고 있거나 화려한 색상의 깃털을 갖고 있다. 이것도 성적 이형이다.

암수의 운동 능력 차이에 대해서도 알아보자. 암수의 운동 능력의 차이는 특히 곤충에서 흔히 볼 수 있다. 예를 들어 무화과좀벌의 수컷은 날개가 없다. 무화과나무 열매 속에 갇힌 채 수컷은 생애를 마친다. 반면 암컷은 날개가 있기 때문에 새로운 번식 장소를 찾아 다른 열매로 이동할 수 있다. 주머니나방류 일부와 반딧불이류 일부에는 암컷이 유충의 모습 그대로인 품종이 있다.

암수 간의 행동 차이는 번식과 관련해서 많이 볼 수 있다. 번식의 첫걸음인 암컷과 수컷이 만날 때도 방울벌레나 귀뚜라미, 매미 등은 대부분 수컷이 울음소리를 낸다. 암컷을 부르기 위해 소리를 내는 것이다(암컷이 소리를 내는 것도 있지만).

성적 이형은 새끼를 기르는 모습에서도 볼 수 있다. 포유류의 암컷은 유선이 발달한 유방을 갖고 있으며 새끼에게 수유를 해서 기른다. 유대류는 새끼를 육아낭(育兒囊)에 넣어서 기르는데 이 주머니가 있는 것은 암컷뿐이다. 그런데 그 반대 유형도 있다. 해마는 암컷이 산란한 알을 수컷이 육아낭에 넣어서 기르기 때문에 수컷에만 배에 주머니가 있다.

이처럼 동일한 종에서도 암수가 크게 다른 성적 이형은 매우 다양할 뿐 아니라 독자적으로 진화해온 이유가 있다. 생물을 알면 알수록 그 신비함에 놀라게 되고 더 알고 싶어진다.

냥이 선배~
개와 고양이의 몸무게에 대한 이야기는 재미있는데 분산에 대한 건 아직 잘 모르겠어.

차차 공부하면 되니까 조급해 하지마.

이왕 시작한 거니까 계속해볼까.

몸무게는 고양이보다 개 쪽이 분산되어 있었잖아.

아니 분산은 원래 다른 걸 비교하는 건 의미가 없어.

어? 그래?

개와 고양이는 다른 거야?

그러니까. 이제부터는 냥이 그룹과 이웃 동네 고양이 그룹의 몸무게를 비교해보자.

냥이 그룹
3kg 4kg 5kg 6kg 7kg
평균 5.0kg

평균 5.0kg
1kg 2kg 4kg 8kg 10kg
이웃 동네 고양이 그룹

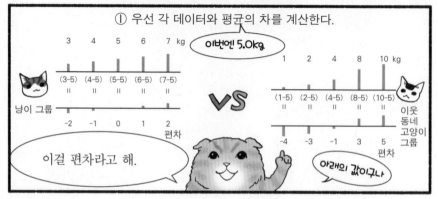

① 우선 각 데이터와 평균의 차를 계산한다.

3 4 5 6 7 kg

이번엔 5.0kg

(3-5) (4-5) (5-5) (6-5) (7-5)
 =   =   =   =   =

냥이 그룹

-2 -1 0 1 2
편차

이걸 편차라고 해.

VS

1 2 4 8 10 kg

(1-5) (2-5) (4-5) (8-5) (10-5)
 =   =   =   =   =

이웃 동네 고양이 그룹

-4 -3 -1 3 5
편차

아래의 값이구나

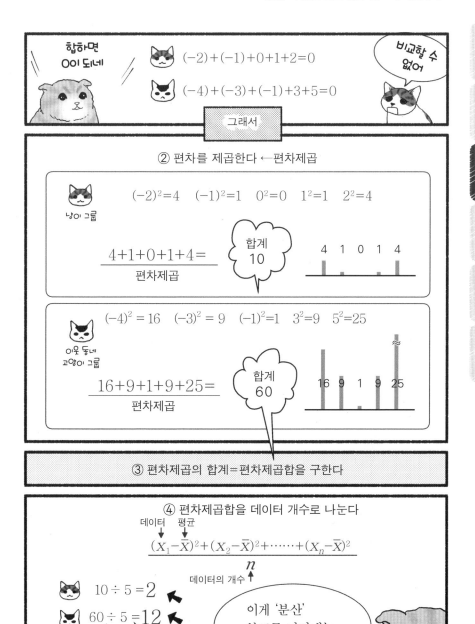

그렇구나~

수식은
어려워 보이는데
계산은 간단하네!

⑤ 분산의 루트(제곱근)를 구한다

냥이 그룹 $\sqrt{2}=1.41421\cdots\cdots\fallingdotseq 1.4$

이게
표준편차

이웃 동네
고양이 그룹 $\sqrt{12}=3.4641016\cdots\fallingdotseq 3.5$

0 〈분산이 없다〉→ 분산의 정도가 크다
최소 ‖
전부 같은 관측값(데이터)

이웃 동네 고양이
그룹 쪽의 분산이 크구나.

겨우 비교했네

이제 더 이상은
못 하겠어…
머리가
깨질 것 같아~

좋아!

오늘은 여기까지
하자.
잘했으니까
상으로 간식을
나누어 줄게~

야호!

털썩

냥이와 냥이 선배가 천천히 단계를 밟아 계산한 표준편차다. 그 식은

$$s = \sqrt{\frac{(X_1-\overline{X})^2+(X_2-\overline{X})^2+\cdots+(X_n-\overline{X})^2}{n}} \leftarrow \sqrt{\frac{(각\ 데이터-평균)^2을\ 더한\ 것}{데이터의\ 개수}}$$

로 설명했다.

이번 냥이 그룹과 이웃 동네 고양이 그룹처럼 집단의 모든 데이터(=모집단 데이터)를 얻을 수 있다면 이 식으로 표준편차를 구할 수 있다. 하지만 일반적으로는 모집단 전체를 조사할 수 없으므로 표본의 일부를 조사하는 것이다.

알고 싶은 것은 모집단의 분산이지만 표본으로 추측한 표준편차는 진짜 모집단의 표준편차보다 약간 작은 값이 될 수 있다. 그 때문에 표본으로 추측한 표준편차보다 좀 더 큰 값을 예상값으로 하는 것이 적합하다. 따라서 n이 아니라 'n-1'로 나누면 딱 좋다.

이 n-1을 자유도라고 한다. 좀 어렵지만 n으로 나누면 표본분산이나 표본표준편차를 알 수 있고, 자유도 n-1로 나누면 모분산(σ^2)과 모표준편차(σ)를 추정할 수 있다.

즉, 위의 식에 따르면 아래와 같은 식이 된다.

$$\sigma = \sqrt{\frac{(X_1-\overline{X})^2+(X_2-\overline{X})^2+\cdots+(X_n-\overline{X})^2}{n-1}} \leftarrow \sqrt{\frac{(각\ 데이터-평균)^2을\ 더한\ 것}{데이터의\ 개수-1}}$$

그리고 표준편차에는 단위가 있는데 계산으로 구한 값은 원래 데이터 단위와 같아진다. 이번에는 원래 데이터 단위가 길고양이의 몸무게 'kg'이므로 구한 표준편차의 단위도 'kg'이 된다. 그리고 단위가 다른 데이터의 표준편차를 비교하는 것은 의미가 없다.

단위가 같아도 전혀 다른 것과 비교하는 것은 의미가 없다. 개와 고양이의 몸무게를 표준편차로 비교하는 것도 의미가 없다. 그래서 우선 같은 길고양이 그룹끼리 비교해보았다.

냥이 선배~
다른 것의 분산은
도저히 비교할 수
없는 거야?

개와 고양이
신경 쓰이네~

간식 먹고
운기! 오봇!

사실 다른 데이터 분산을
비교하려면 표준편차가
아니라 변동계수를
이용해야 하는 거야.

뭐야 빨리
말을 했어야지.
안 되는 줄
알았잖아~

변동계수를
구하려면
우선 표준편차를
알아야
하니까.

그런가.
조금씩 하면 되겠지.

좋아 그럼
개와 고양이를
비교해보자!!

OK!

자, 먼저
전에 이용했던
개와 고양이의
데이터로

표준편차를
계산해보자!

표 3.10 표준편차(개)

품종	몸무게	① 편차	② 편차제곱	③ 편차제곱합	④ 분산	⑤ 표준편차
시바견	11.5	-12.9	166.41			
치와와	2.0	-22.4	501.76			
토이 푸들	6.0	-18.4	338.56			
불도그	23.0	-1.4	1.96			
아키타견	40.0	15.6	243.36	4503.4	450.34	21.22121579928916 ≒ 21.2
그레이트 데인	47.0	22.6	510.76			
골든 리트리버	29.5	5.1	26.01			
셰틀랜드 쉽독	6.5	-17.9	320.41			
세인트 버나드	70.5	46.1	2125.21			
티베탄 마스티프	8.0	-16.4	268.96			
평균	24.4	합계	4503.40			

표 3.11 표준편차(고양이)

품종	몸무게	① 편차	② 편차제곱	③ 편차제곱합	④ 분산	⑤ 표준편차
재패니즈밥테일	3.8	-0.9	0.81			
스코티시폴드	4.3	-0.4	0.16			
아메리칸 쇼트헤어	5.0	0.3	0.09			
싱가푸라	2.8	-1.9	3.61			
페르시안고양이	4.9	0.2	0.04	16.17	1.617	1.271613148720946 ≒ 1.3
샴고양이	3.3	-1.4	1.96			
메인쿤	6.5	1.8	3.24			
노르웨이숲고양이	5.5	0.8	0.64			
러시안블루	3.6	-1.1	1.21			
시베리아고양이	6.8	2.1	4.41			
평균	4.7	합계	16.17			

이제는 문제없어. 계산기만 있으면 돼.

나오 쌤의 아이폰을 빌려야지~.

자, 준비 됐어. 그럼 변동계수를 구해보자.

식은 간단해.

$$변동계수(CV) = 표준편차(s) \div 평균(\bar{x})$$

어!? 그게 다야!?

 맞아! 그럼 계산해볼까~.

$$개의\ 변동계수 = 21.2 \div 24.4 = 0.8688524 \fallingdotseq 0.87$$
$$고양이의\ 변동계수 = 1.3 \div 4.7 = 0.2765957 \fallingdotseq 0.28$$

표 3.12 개와 고양이의 변동계수

	개의 몸무게 (kg)	고양이의 몸무게 (kg)
평균($\bar{x}$)	24.4kg	4.7kg
표준편차(s)	21.2kg	1.3kg
변동계수(CV)	0.87	0.28

 됐다! 역시 개 쪽이 분산이 크네!

 냥이, 이제 통계분석을 제법 하네. 대단해!

 이처럼 단위가 다르거나 성질이 다른 것이라도 변동계수를 이용하면 분산을 비교할 수 있다.
 변동계수에는 단위가 붙지 않으니 주의해야 한다.

좋은 날씨야~

따뜻

따뜻

냐오 쌤
저 아이랑
얘기하고
있네.

이웃집 애야

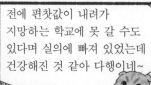

전에 편찻값이 내려가
지망하는 학교에 못 갈 수도
있다며 실의에 빠져 있었는데
건강해진 것 같아 다행이네~

편찻값이라는 건
표준편차와는
다른 건가?

편찻값이란 간단히
말해 한 집단 속에서
차지하는 위치를
나타내는 수치야.

50이 중심이고
위로는 75부터
아래로는 25 정도
사이에 99%가
들어가지.

그러면 50이
평균이란
거야?

쭈욱~

그래
그래프로 하면
이런 느낌이지.
대체로 70 이상이면
경쟁이 치열하다고
해야 할까.

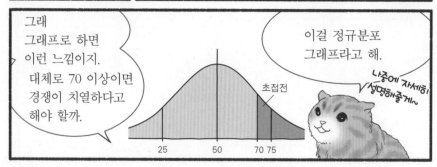

이걸 정규분포
그래프라고 해.

나중에 자세히
설명해줄게~

초점전

25   50   70 75

시험 점수가 높으면 편찻값도 높아지는 거야?

그건 일률적으로 말할 수 있는 게 아니야.

냥!

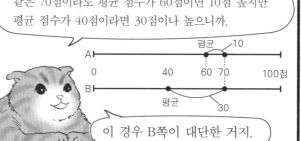

같은 70점이라도 평균 점수가 60점이면 10점 높지만 평균 점수가 40점이라면 30점이나 높으니까.

이 경우 B쪽이 대단한 거지.

그런가

평균에서 얼마나 떨어져 있는가를 말하는 거지.

아니아니. 그리 단순하지도 않아

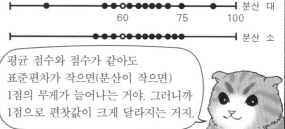

평균 점수와 점수가 같아도 표준편차가 작으면(분산이 작으면) 1점의 무게가 늘어나는 거야. 그러니까 1점으로 편찻값이 크게 달라지는 거지.

나왔다! '분산'! 점수만으로는 안 되지~

응 그래서 표준화(기준화) 하는 거야.

그 데이터를 표준값(기준값) 이라고 해.

표준화는 간단히 계산할 수 있는 거야?

냥이도 이젠 표준편차를 계산할 수 있으니까 쉽게 할 수 있을 거야.

이것이 표준화를 위한 계산식이다.

$$표준값 = \frac{(각 데이터) - (평균)}{표준편차}$$

 정말 표준편차를 계산할 수 있으면 표준화는 간단하네.

 그럼 계산해볼까.

표 3.13 수학, 영어 점수와 각 표준값

	수학	영어	수학의 표준값	영어의 표준값
이웃집 아이	75	62	0.80	0.36
친구	59	75	0.10	1.23
A 씨	53	47	−0.16	−0.64
B 씨	62	71	0.23	0.96
C 씨	48	38	−0.37	−1.24
D 씨	86	69	1.28	0.83
E 씨	92	79	1.54	1.49
F 씨	21	31	−1.55	−1.71
G 씨	12	42	−1.94	−0.97
H 씨	60	53	0.15	−0.24
I 씨	97	83	1.76	1.76
J 씨	79	80	0.97	1.56
K 씨	44	51	−0.55	−0.37
L 씨	64	42	0.32	−0.97
M 씨	71	60	0.63	0.23
N 씨	29	48	−1.20	−0.57
O 씨	57	56	0.02	−0.04
P 씨	34	51	−0.98	−0.37
Q 씨	27	38	−1.29	−1.24
R 씨	62	56	0.23	−0.04
평균	56.6	56.6	0	0
표준편차	23.0	15.0	1	1

 수학과 영어의 평균 점수는 각각 56.6점이네. 이웃집 아이는 수학을 75점, 친구는 영어를 75점으로 해서 계산해봤어.

결과는 0.80(이웃집 아이의 수학) <1.23(친구의 영어)이야. 같은 점수라도 친구의 영어 성적이 좋다는 것을 알 수 있지.

 대단하다! 숫자로 나와 있으니까 알기도 쉽네.

 표준화한 표준값의 좋은 점은 만점이 몇 개라도 표준값의 평균이 0이라는 거야. 표준편차는 1이고. 그러니까 100점 만점 시험이든 150점 만점 시험이든 비교할 수가 있지.
단위가 달라도 역시 표준값의 평균은 0이고 표준편차는 1이야.
표준화하면 다른 것과 비교할 수 있어 편하지.

오~.

 그리고 이게 편찻값을 구하는 계산식이야.

편찻값=기준값×10+50

표준값을 알면 의외로 간단히 구할 수 있구나.

 이제 이웃집 아이의 수학과 친구의 영어 편찻값을 계산해보자.

그러니까,

이웃집 아이의 수학   0.80×10+50=58.0
친구의 영어   1.23×10+50=62.3

아~. 역시 편찻값에서도 이웃집 아이가 지는군.

 그냥 점수만으로 판단하는 것보다 편찻값 쪽이 자신의 실력을 훨씬 잘 알 수 있는 거야.

 편리하네.
이웃집 아이, 원하는 학교에 무난히 합격하면 좋겠다.

일반적으로 성적은 총점을 중시하는 경향이 있다. 하지만 그것으로는 자신의 위치를 알 수가 없다. 객관적으로 자신의 실력을 판단할 수 있는 것이 편찻값이다. 하지만 편찻값은 모집단이 다르면 비교할 수 없다. 예를 들어 같은 고등학생이나 수험생(고등학생이나 재수생)이라면 편찻값을 지표로 모의고사를 봐서 학력을 비교할 수 있다. 그렇지만 고등학교의 편찻값과 대학의 편찻값을 비교하거나 수준 등이 다른 모의고사를 비교하는 것은 의미가 없다. 편리한 지표이지만 의미를 이해하고 활용해야 한다.

제 4 장

추측해볼까?
추정

그야 그렇지. 난 쥐 같은 거 잡는 게 특기인 걸.

냥이 선배도 그렇지?

맛있을 것 같았는데. 냥

아니야~

못 해. 난 쥐 같은 건 못 잡아!

난 캣 푸드 (cat food)와 닭 가슴살과 참치(참치 뱃살)로 충분해.

냐오 쌤도 쥐를 잘 잡긴 하지만 먹진 않으니까.

에?

냐오 쌤은 먹지도 않는 쥐를 왜?

냐오 쌤은 보전생물학자라서 가끔 야생생물을 조사하기 위해 산에서 숨어 있기도 해.

갔다 올게~

※실제로는 치즈가 아니라 오트밀 등

냐오 쌤은 어떤 식으로 쥐를 잡는 거야?

생포용 덫으로

먹이

맛있는 냄새

쥐가 들어가면 닫힌다

탕

비겁해

좋아!

그럼 이번에는 쥐의 개체 수를 추정해보자.

이틀 밤에 60마리 정도를 잡은 적도 있다고 자랑하더라.

돌아다

데이터를 수집한 후에는 공개하고 있어요.

85

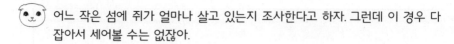 어느 작은 섬에 쥐가 얼마나 살고 있는지 조사한다고 하자. 그런데 이 경우 다 잡아서 세어볼 수는 없잖아.

 쥐를 잘 잡는 나도 그건 무리야~

그러니까 쥐를 잡아서 표시를 한 후에 풀어 주는 거지. 쥐가 충분히 이동했으면 같은 조건으로 다시 잡아. 이때 표시가 있는 개체(이하, 표시한 개체)가 얼마나 포함되어 있는지를 조사하는 거야. 조사한 결과를 계산해서 전체의 개체 수를 추정하는 건데, 이걸 표지재포획법(marking recapture method)이라고 해.

계산은 어떻게 하는 거야?

맨 처음 잡은 쥐 M마리에 표시를 하고 풀어준다. 두 번째로 잡은 개체 수가 C마리라면 그중 표시가 있는 개체 수를 R마리라고 한다. 그러면 전체 개체 수 N은

$$\frac{\text{표시한 개체 수}(M)}{\text{전체 개체 수}(N)} = \frac{\text{재포획된 표시 개체 수}(R)}{\text{두 번째로 포획된 개체 수}(C)}$$

따라서,

$$\text{전체 개체 수}(N) = \frac{\text{표시한 개체 수}(M) \times \text{두 번째로 포획된 개체 수}(C)}{\text{재포획된 표시 개체 수}(R)}$$

$$N = \frac{MC}{R}$$

이런 식으로 구하는 거야.

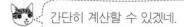 간단히 계산할 수 있겠네.

계산은 그렇지. 하지만 조사하기는 힘들어.
동물의 이동 범위나 행동 패턴도 잘 생각해야 하거든. 게다가 대상으로 하는 생물의 수가 너무 많을 때는 이 방법이 적합하지 않을 수도 있고.

 어째서?

예를 들어 쥐 100마리에 표시한 뒤 놓아주었다고 하자. 전체 개체 수가 100만 마

리라고 한다면 표시된 개체의 비율은?

 그러니까, 100/1,000,000이니까 1/10,000.
1만 마리 중에 1마리밖에 안 되는구나.

 맞아. 그렇기 때문에 두 번째로 포획된 개체는 대부분 표시되지 않은 개체가 되는 거야.

 그럴 땐 어떻게 해?

 넓은 지역 내의 개체 수를 조사할 때는 작은 구획을 우선 만들지. 작은 구획 속에 분포하는 개체 수를 세고 일정 면적에 서식하는 개체 수를 구하는 거야. 예를 들어 1km² 안에 50개체가 있다고 하면 100km² 안에는 5,000개체가 있다고 계산할 수 있지. 이걸 구획법(방형구법)이라고 해.

 그런데 자연환경에 있는 생물은 고루 분포되어 있지 않는 경우가 많아. 그래서 주의해야 해.

 그렇겠네~. 생물의 개체 수를 조사하는 건 참 어렵겠어.

 그래. 냐오 쌤이 전에 생물이 얼마나 있는지 묻는 게 가장 싫다고 했어. 산에서 북방족제비 조사를 하고 있으면 "북방족제비는 이 산에 몇 마리 있느냐"고 묻는 사람이 있대. 그런데 쥐를 잘 잡는 냐오 쌤도 북방족제비는 6개월에 겨우 1개체 잡을 수 있을 정도라니까 개체 수를 도저히 추정할 수 없는 거지. 그래서 "나도 그걸 알고 싶어서 오랜 기간 조사하고 있다"고 대답한대.

 북방족제비?

겨울의
북방족제비

여름의 북방족제비

집에 북방족제비 굿즈들이 많잖아? 꼬리 끝이 검은 거 말이야. 작은 족제비 일
종이지. 냐오 쌤, 고양이 물품이랑 북방족제비 굿즈를 너무 좋아하니까(쓴웃음).

아~. 얼마전에 갖고 놀다 빼앗겨버린 인형 말이구나.
잡기가 그렇게 힘들구나.

멸종 위기종으로 개체 수가 적은 데다 텃세가 강해서 서식 밀도가 낮대. 게다가
우리 고양이나 북방족제비 같은 식육목은 덫에 대한 경계심이 강한 '트랩 샤이'
개체도 많고. 그러니까 잡기가 참 어렵겠지.

…… 엄마는 덫에 걸려 잡혀갔는데 ……

아! 미안 …… 미처 생각 못했네.

…… 괜찮아. 신경 쓰지 마.

미안…. 다음 이야기로 넘어가자.
여기까지는 생태학 이야기였어. 이제 이 데이터를 사용해 통계학을 공부해보자.

이번에는 20명이 100개의 덫을 사용한 포획조사 데이터를 이용해보자. 이 데이
터로 작은 섬에 사는 쥐의 전체 개체 수를 추정해보는 건데, 전체 개체 수를 구
하는 식은 아까 설명한 대로 다음과 같아.

$$N = \frac{MC}{R}$$

표 4.1 지표성 소형 포유류의 포획조사 데이터로 산출한 전체 개체 수

조사자	첫 번째로 포획한 표시 개체 (M)	두 번째로 포획한 개체 수 (C)	재포획한 표시 개체 수 (R)	전체 개체 수 (N)
냐오 쌤	52	51	11	241
유리 씨	50	52	11	236
A 씨	29	30	4	218
B 씨	15	16	1	240
C 씨	33	28	4	231
D 씨	26	30	3	260
E 씨	37	36	6	222
F 씨	16	15	1	240
G 씨	8	16	1	128
H 씨	14	17	1	238
I 씨	36	27	3	324
J 씨	33	30	5	198
K 씨	19	21	2	200
L 씨	40	34	6	227
M 씨	24	25	3	200
N 씨	11	18	1	198
O 씨	24	21	2	252
P 씨	15	17	1	255
Q 씨	18	11	1	198
R 씨	30	23	3	230

 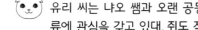

냐오 쌤과 유리 씨라는 사람, 대단하다~

 유리 씨는 냐오 쌤과 오랜 공동 연구자야. 생물에 대해 많이 알지만 특히 양서류에 관심을 갖고 있대. 쥐도 잘 포획하는 것 같고.

그럼, 이 데이터를 사용해 쥐의 전체 개체 수(N)의 평균과 표준편차를 구해보자.

표 4.2 지표성 소형 포유류의 평균과 표준편차

조사자	전체 개체 수(N)	① 편차	② 편차제곱	③ 편차제곱합	④ 분산	⑤ 표준편차
나오 쌤	241	14.2	201.64			
유리 씨	236	9.2	84.64			
A 씨	218	-8.8	77.44			
B 씨	240	13.2	174.24			
C 씨	231	4.2	17.64			
D 씨	260	33.2	1102.24			
E 씨	222	-4.8	23.04			
F 씨	240	13.2	174.24			
G 씨	128	-98.8	9761.44			
H 씨	238	11.2	125.44	26555.2	1327.76	36.4384412399872 ≒ 36.43844
I 씨	324	97.2	9447.84			
J 씨	198	-28.8	829.44			
K 씨	200	-26.8	718.24			
L 씨	227	0.2	0.04			
M 씨	200	-26.8	718.24			
N 씨	198	-28.8	829.44			
O 씨	252	25.2	635.04			
P 씨	255	28.2	795.24			
Q 씨	198	-28.8	829.44			
R 씨	230	3.2	10.24			
합계	4536	0	26555.2			
평균	226.8					

평균은 226.8마리고, 표준편차는 36.4마리네.
도수분포표와 히스토그램도 만들어보자.

표 4.3 도수분포표

계급 이상｜미만(마리)	조사자	도수
0~50		0
50~100		0
100~150	G씨	1
150~200	J씨, N씨, Q씨	3
200~250	나오 쌤, 유리 씨, A씨, B씨, C씨, E씨, F씨, H씨, K씨, L씨, M씨, R씨	12
250~300	D씨, O씨, P씨	3
300~350	I씨	1
350~400		0
400~450		0
450~500		0

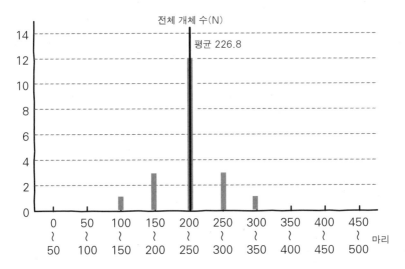

그림 4.1 표지재포획법으로 얻은 데이터로 산출한 전체 개체 수의 히스토그램

 오호~. 편찻값 그래프처럼 산 모양이 되었네….
정규분포라는 건가?

 그래. 잘 기억하네.
좋아, 오늘은 이 정도만 하고 마치자.

통계학은 다양한 업무에 유용하게 사용된다. 내가 전문으로 하는 생물 연구에도 그렇다. 생물을 연구할 때 사용하는 통계학의 의미를 생각해보자. 예컨대 생물은 좋아하지만 수학은 싫어하는 사람의 경우 통계학 지식을 이용하면 좋아하는 생물을 더 쉽게 이해할 수 있다. 사실 나도 통계학에는 자신이 없다. 하지만 통계학 지식을 익히고 해석할 수 있게 되면서 내가 조사한 생물의 데이터를 최대한 활용하는 기쁨을 누리고 있다. 생물을 이해하고 생물에 대해서 생각할 때 큰 효력을 발휘할 수 있게 해주는 것이 통계학이다. 나처럼 여러분도 업무나 연구, 학습에 통계학을 이용했으면 좋겠다.

수식이 나오면 공부할 의욕이 떨어질 수도 있다. 나도 그랬다. 단번에 알려고 하면 힘들 수밖에 없다. 냥이와 함께 조금씩 공부해보자. 늦어도 괜찮다. 이해할 수 있게 되면 분명 통계학이 즐거워질 것이다.

야생생물의 개체 수 조사

야생생물의 개체 수를 조사하는 건 쉽지 않은 일이다. 하지만 중요하면서도 필요한 생물 정보라 여러 가지 추정법이 고안되어 있다. 냥이 선배가 소개해준 표지재포획법은 그 주요 방법 중 하나다. 이 방법은 폐쇄 생태계에서 조사하는 게 이상적이다. 동물이 계속 한 개체 군에 머무는 것이 아니라 개체군 간을 오가기 때문이다. 이상적 모델로는 호수에 사는 물고기나 섬에서 서식하는 동물(날지 못하거나 헤엄치지 못하는 동물)을 들 수 있다. 그래서 이번에는 작은 섬에 사는 쥐를 상정했다.

구획법(방형구법) 또한 흔히 사용하는 개체 수 추정법 중 하나다. 이 방법은 따개비 같은 부착 생물이나 식물 등 그다지 이동이 없는 생물을 조사하는 데 적합하다. 구획법은 다음과 같은 흐름으로 진행된다. 먼저 생식 지역에 일정 면적의 사각 테두리를 설정한다. 그런 다음 사각 테두리 내부의 개체 수를 살펴봄으로써 전체 개체 수나 밀도를 추정한다. 사각형의 크기는 따개비 같은 조간대 생물을 조사할 때는 50×50cm의 사각형 테두리를 사용하는 경우가 많다. 한편 나무의 식생 조사 등에서는 20~25m 정도의 사각 테두리를 사용한다. 구역 면적이 넓어지면 많은 데이터를 얻을 수 있는 반면에 시간이 걸린다. 그래서 생물의 크기나 특성을 고려해 효율적으로 조사할 수 있는 크기로 설정한다. 그리고 여러 곳에서 조사를 실시해 그 평균값을 택해서 사용한다. 이는 생물의 분포가 고르지 않은 경우가 많기 때문이다.

구획법은 생물을 포획할 필요가 없으므로 누가 조사해도 어느 정도 결과를 얻을 수 있다. 한편 동물을 포획하는 조사의 경우는 조사자의 포획 기술이 영향을 준다. 냥이 선배가 소개한 대로 많게는 100개의 덫을 사용해 이틀 밤에 약 60개체의 지표성 소형 포유류(설치류 외 주로 낙엽층 등에서 활동하고 밤에는 지상으로 나오기도 하는 식충목(두더지의 일종)을 잡은 사람도 있다. 같은 방법으로 같은 장소·시기에 3개체밖에 포획하지 못한 사람도 있다. 1차 포획 개체 수가 3개체여서는 2차 포획 개체 안에 표시된 개체가 포함될 가능성은 한없이 낮아진다. 이래서는 개체 수를 추정할 수가 없다. 나 역시 북방족제비는 6개월 동안 1개체밖에 포획하지 못해 개체 수 추정에 실패한 적이 있다.

이처럼 포유류를 조사하는 건 특히 어렵다. 그렇지만 요즘은 포유류에 한정하지 않고 현장에 나와 조사하는 사람 자체가 줄었다. 대학원생 시절에는 나 자신도 사실 실험실에 틀어박혀서 유전자 해석만 했다. 그러니 나도 큰 소리 칠 자격은 없다. 나는 실험실에서 해석하는 것만으로는 부족해 박사 학위를 취득한 후에는 현장에 나왔다. 야외에서는 매번 신선한 발견을 하게 된다. 정확한 데이터를 얻는 것은 물론 중요하다. 그렇지만 악천후 등 제대로 조사하기 어려울 때도 있다. 그래도 현장 조사하는 것 자체를 즐기고 있다.

포획 조사 방법

포획이라고 하면 어린 시절에 즐기던 곤충채집이나 물고기 잡기를 떠올리는 사람이 있을지도 모른다. 그렇지만 조사를 위한 포획은 어린 시절의 곤충채집이나 물고기 잡기와는 많이 다르다. 도구 준비와 조사 절차 등이 생각하는 것 이상으로 힘들다. 그리고 야생 조수 포획은 더 어렵다.

그다지 일반에 알려지지는 않았지만 야생 조수를 포획하려면 포획 허가를 받아야 한다. 허가를 담당하는 행정당국에 포획 허가를 신청하고 포획 허가증이 나오면 조사하러 갈 때마다 이를 지참해야 한다.

허가를 받았다 해도 조사를 제한하거나 자세한 설명을 요구하는 경우도 있다. 조사 대상 종이 멸종위기종이거나 규제된 구역에서 조사할 때는 제한을 받기도 하고 조사에 대해 설명을 해야 하는 경우도 있다. 내가 연구하는 대상도 종종 그런 경우가 있다. 멸종위기종인 북방족제비의 경우가 그렇다. 조사지가 국정공원이나 조수보호구역인 경우가 많다. 더구나 조사지의 하나인 나가노현에서는 북방족제비는 천연기념물로 지정되어 있다. 따라서 별도의 신청을 해야 한다.

포획 허가는 보통 지방자치단체나 환경부 조수 부서에서 담당하기 때문에 이곳에 허가 신청을 하면 된다. 그런데 조사 대상이 천연기념물인 경우는 교육위원회의 문화재 소관 부서에도 신청을 해야 한다. 게다가 절차를 밟는다고 해서 반드시 포획 허가가 나오는 것도 아니다. 신청을 했지만 허가를 받지 못한 사람이 내 주위에도 의외로 있었다.

포획 허가를 신청할 때는 '조수 포획 등(조류 알의 채취 등) 허가 신청서'를 먼저 작성해야 한다. 이외에도 연구 계획서와 포획 예정지를 명시하기도 한다. 학술 조사의 경우는 어디서, 어떤 목적으로 포획하느냐가 중시되기 때문이다. 나는 포획 기구의 취급 설명서나 연구 업적 목록, 연구 논문 사본도 첨부한다. 야생 조수를 괴롭히지 않고 적절하게 취급할 수 있는 기술과 경험도 체크하기 때문이다.

내가 하는 연구는 대상 생물과 서식지의 보존이 목적이어서 생포하여 데이터를 취한 후 방수하기 때문에 문제가 없다. 그런데 잡아 죽이는 경우는 장벽이 높다. 나의 경우에는 필요한 서류를 갖춰 놓고 전화나 메일로 담당자와 상담하면서 신청하기 때문에 지금까지 신청하여 통과되지 않은 적은 없다.

신청이 인정되면 포획 허가증을 보내주는데 그 포획 허가증을 갖고 조사를 시작하면 된다. 어떤 이유로 포획 동물을 사육할 필요가 있는 경우는 신청 기간 중이라면 신청자가 사육할 수는 있다. 그렇지만 나는 사육 등에 관한 절차를 추가 신청하고 있다.

사실 사육에 관해서는 마음 아픈 경험이 있다. 나는 아이들을 대상으로 생물 관찰모임을 열고 강사로 활동하기도 한다. 평소 볼 수 없는 생물을 관찰함으로써 생물과 자연에 대해 생각하기를 바라는 마음에서이다. 북방족제비를 관찰하기는 어렵지만 설치류나 식충류의 경우는 아이들이 눈을 반짝이며 즐겁게 관찰한다. 키우고 싶어 하는 아이들도 적지 않다. 하지만 허가 없이 야생동물을 사육하는 것은 법률 위반이다. 사육하기도 힘들기 때문에 그런 점을 이해할 수 있도록 설명해주는데, 이는 교육의 기회이기도 하다.

보통은 그 정도 하면 이해하지만 그중에는 포기하지 않는 경우도 있다. 부모까지 와서 아이가 키우고 싶어 하니까 어떻게든 해달라고 간청하는 일도 있다. 이럴 때는 몇 번이나 거듭 설명한다. 허가 없이 야생동물을 사육하는 것은 법률 위반이며 나에게 허가가 나온 것이지 다른 사람이 아니라서 나 이외에는 사육할 수 없다는 점과 야생동물을 키우는 일은 쉽지 않다는 점을 설명한다. 그렇게 해서 포기하게 만들기는 하지만 설득하기가 정말 힘들다.

이전에 연예인들이 야생 조류를 허가 없이 보호하고 키우면서 각종 블로그에 소개해 물의를 빚었다는 뉴스를 보았다. 그런 사람들의 따뜻한 마음은 잘 이해할 수 있다. 생물을 소중히 생각하는 마음은 멋지다. 그렇지만 그래도 법률 위반이다. 절차를 밟아도 불가능할 수 있다는 것을 이해해야 한다.

'그럼 어떻게 해야 하는가? 그냥 죽게 내버려 두라는 말인가!'라고 생각하는 사람이 있을 수도 있다. 난처한 경우에는 거주지의 행정 담당자에게 물어보면 대처법을 가르쳐줄 것이다. 참고로 도쿄도는 들새나 동물 보호를 위탁하지 않는다. 자연의 섭리에 맡기는 방침을 취하고 있기 때문이다. 이에 반해 카나가와현 등에서는 수용하고 있다. 이처럼 각 지자체에 따라 대응 방법이 다르므로 확인할 필요가 있다.

여러 절차를 거쳐야 하는 것은 번거롭지만 평소 만나기 어려운 야생동물을 만났을 때 느끼는 기쁨도 남다르다. 북방족제비나 설치류, 식충류는 조류처럼 쉽게 관찰할 수 있는 것이 아니다. 운 좋게 발견을 했다 해도 순식간에 도망치는 일이 많은 동물이기 때문이다. 이 같은 야생동물을 자세히 관찰할 수 있다는 점이 포획조사의 묘미다.

그림 4.2 흰배숲쥐(왼쪽)와 멧밭쥐(오른쪽)

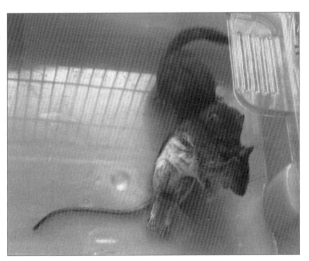

그림 4.3 흰배숲쥐를 잡은 북방족제비

지표성 소형 포유류의 포획 조사

내가 전문으로 연구하는 것은 북방족제비 같은 식육목 족제비과 동물이지만 그들의 먹이인 설치류에도 관심을 갖고 조사하고 있다.

만화 속에도 등장한 셔먼 트랩(Sherman trap)이라는 작은 생포용 덫(트랩)을 바닥에 설치하면 지면을 이동하는 작은 포유류(지표성 소형 포유류)를 포획할 수 있다. 예를 들어 지금까지 다음과 같은 지표성 소형 포유류를 포획했다.

설치류
● 흰배숲쥐
● 애기붉은쥐
● 일본밭쥐
● 스미스밭쥐
● 멧밭쥐
● 쥐

식충류(두더지의 일종)
● 뾰족뒤쥐
● 뒤쥐
● 일본뒤쥐
● 히메히미즈(진무맹장목 두더지과에 속하는 포유류의 일종. 일본 고유종이다)

포획 조사법은 조사자에 따라 달라질 수 있다. 나는 우선 저녁 무렵에 조사할 곳에 덫 100개를 설치한다. 그런 다음 심야 0시에 덫을 확인하여 동물이 걸린 덫을 회수하고 새 덫과 교체한다. 포획한 동물은 데이터를 수집하고 나서 사육 케이스에 넣어 일시적으로 보관한다. 새벽 5~6시경에 다시 덫을 확인해 데이터를 수집하고 나서 일시 보관한다. 그리고 낮에 잠깐 눈을 붙이고 저녁과 심야 0시에 덫을 확인해 데이터를 수집하고 나서 일시 보관한다. 3일째 새벽에는 모든 덫을 회수하고 종료한다. 포획한 동물의 데이터를 모두 얻은 후에는 포획한 곳에 놓아준다.

동물 표시 방식은 다양하지만 조류에는 발찌를 달아 표시하고, 거북류는 옷에 표시한다. 중형이나 대형 포유류에는 목걸이를 걸어두기도 하고, 귀에 태그를 붙이기도 한다. 이렇게 하면 비교적 쉽게 장착할 수 있고 오랫동안 표시해둘 수 있다.

이에 반해 설치류에는 표시해둘 썩 좋은 방법이 없다. 예전에는 설치류의 표지재포획법에 '발가락을 자르는 법'이 사용되었다. 사지의 발가락에 법칙성을 정해 절단함으로써 개체를 식별하는 방법이다. 하지만 내가 포획 조사를 시작했을 무렵에는 동물에게 고통을 주는 방법이라 인정되지 않았고 허가 담당자도 설치류의 발가락을 자를 경우 포획 허가를 내주지 않겠다고 했다. 나도 설치류의 발가락을 자르는 것은 원치 않았기 때문에 상관은 없었지만 표시하기가 어렵다는 점에는 변함이 없다.

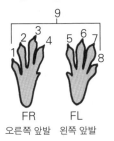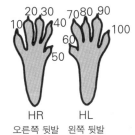

FR FL HR HL
오른쪽 앞발 왼쪽 앞발 오른쪽 뒷발 왼쪽 뒷발

그림 4.4 손가락을 자르는 법에 의한 식별 사례

출처 : 구사노 츄지, 이시바시 노부요시, 모리 한스, 후지마키 유조(1991) 〈응용동물학 실험법(応用動物学実験法)〉 전국농촌교육협회

그래서 대체 방법으로 엉덩이나 등의 털을 깎아 표시해둔다. 그런 다음 들에 풀어주고 쥐가 충분히 이동했을 무렵 다시 포획한다. 하지만 날씨 때문에 조사 시기가 늦어지면 다시 포획할 무렵에는 털이 자라 표시를 알 수 없는 경우도 있다. 타이밍을 놓치지 않도록 신경 써야 하는 이유가 여기에 있다. 설치류에는 식육목처럼 덫을 기피하는 '트랩 샤이'개체가 별로 없다. 조사 후 제자리로 풀어주었는데 옆에 놓아두었던 덫에 재차 걸리는 경우도 종종 볼 수 있다. 어쩌다가 놓쳐도 당황하지 않고 덫을 놓아두면 금방 다시 걸린다. 즉, 다시 포획하기가 쉽다. 하지만 너무나 자주 덫에 걸리는 것도 곤란하다. 그래서 한 번 잡은 개체는 몇 시간 뒤에 또 다시 포획하는 일이 없도록 조사 기간 중에는 잠시 옆에 놔둔다. 포획 조사를 할 때마다 매번 새로운 사실을 발견하게 된다. 계절에 따라 많이 잡히는 종이 바뀌기도 하고, 특정 계절에만 잡히는 종도 있다. 깜짝 놀라는 일이 생기기도 한다. 나가노현의 온타케산에서 조사하던 중에 일어난 일이다. 셔먼 트랩 몇 개가 행방불명이 되어 부근을 찾아보았더니 조릿대나무 숲 속에 셔먼 트랩이 나뒹굴고 있었다. 덫 속에는 일본밭쥐가 들어 있고 덫이 조금 비뚤어져 있었다. 아마 여우가 덫째로 가져가 덫 속의 쥐를 잡아먹으려 했던 모양이다. 너구리도 덫을 가지고 장난하는 일이 있다. 그 장면을 보고 있으면 식육목이 좋아 연구를 하고 있는 나는 왠지 기분이 좋아진다. 같은 포획물을 서로 잡으려고 경쟁하는 듯한 기분이 들어서다. 물론 나는 쥐를 먹지 않고, 덫 속의 쥐는 나를 무서워하겠지만 말이다.

포획한 개체가 덫 안에서 출산한 일도 있었다. 한두 번이 아니라 여러 차례 경험했다. '5~6시간마다 덫을 확인하니까 몇 시간 참아주었더라면 좋았을 걸'하고 생각했다. 하지만 그것은 무리한 부탁이다. 나는 동물이 덫 속에서 불편하지 않도록 먹이와 수분 보급용 과일, 보온용 티슈를 넣어둔다. 그렇기 때문에 덫 속이 둥지 같고 쾌적할 수도 있다. 덫 속에서 낳은 지 얼마 안 된 새끼는 풀어놓을 수 없어 움직일 수 있을 때까지 돌보게 된다. 그 덕분에 흰배숲쥐, 애기붉은쥐, 일본밭쥐, 일본뒤쥐 새끼가 성장하는 과정을 관찰할 수 있었다. 사실 한번 사육한 개체를 풀어놓는 일에는 찬성과 반대 의견이 있다. 하지만 나는 최대한 접촉을 피함으로써 사람에게 길들여지지 않고 질병에 감염되지 않도록 배려하면서 풀어줄 수 있는 시점에 신속하게 제자리로 돌려보낸다.

덫 속에서 발견되었을 때는 갓 태어난 새끼였다

털이 어느 정도 자라 쥐의 모습이 나타난다

이 정도 자라면 풀어줘도 된다
그림 4.5 일본밭쥐 새끼들

　지표성 소형 포유류는 식육목의 먹이일 뿐만 아니라 식생 변화에 대한 영향도 받기 쉽다. 이런 점에 흥미를 느낀 나는 내가 전문으로 연구하는 북방족제비가 없는 가나가와현 하코네에서도 지표성 소형 포유류를 조사하고 있다. 아시노코 남안에 위치한 하코네 힐링 숲안에 하코네 숲과의 만남관(https://www.hakone.or.jp/morifure)이라는 박물관이 있다. 여기에서 오랫동안 근무해온 이시유리 다츠오 씨는 하코네의 자연을 잘 아는 사람으로, 대학원생 시절부터 도움을 받아온 공동 연구자이다(이 책에서는 유리로 등장한다). 이 하코네 힐링 숲은 정기적으로 대나무 베기 등을 하고 있으므로 식생 관리가 지표성 소형 포유류에 미치는 영향을 조사하는 데 적합하다.

　하코네에 갈 기회가 있다면 하코네 숲과의 만남관과 하코네 힐링 숲에 들러보기 바란다. 박물관에 전시되어 있는 것을 볼 수도 있고 숲을 산책하면서 많은 들새를 관찰할 수도 있다. 44헥타르나 되는 숲에서는 지금까지 21종류의 포유류가 관찰되었고 꽃사슴이나 산토끼를 볼 수도 있다. 가이드 워크도 한 해에 20회 정도 개최한다.

냥이 선배! 쥐를 조사한 데이터가 예쁜 그래프가 되었네~

그렇네. 하지만 참값인 모수와 표본으로 계산한 통계량 사이에는

차이=오차가 생기기도 해.

오차? 그럼 참값은 모르는 거야?

참값은 그 누구도 알 수 없어. 하지만 어떻게든 알고 싶으니까 추측통계학에서는 오차를 고려하는 거야.

오차란 조사가 실패했다는 거야?

그런 점도 있기 때문에 과학 실험에서는 측정오차라는 것이 있어.

그건 측정하는 사람의 분석 능력에 의해 좌우되지.

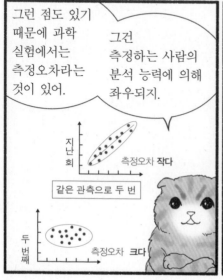

지난회

측정오차 작다

같은 관측으로 두 번

두번째

측정오차 크다

냐오 쌤은 유전자 해석도 하는데 1마이크로미터($1\mu l$) 같은 미량의 용액을 조작할 때는 너무 힘들대.

1 마이크로미터는 쌀알 크기보다 작거든

피펫을 다루는 요령이 있지. 되도록 정확히 측정하도록 훈련해야 해!

고양이가 하기에는 어려워~

데이터는 정확히 수집하지 않으면 통계해석을 해도 의미가 없어. 그러니까 측정오차를 줄이도록 노력해야 해!

그렇지!

캣 푸드 7알 남았네...

통계학에서는 계통오차와 우연오차가 많이 알려져 있다.

계통오차(오차에 방향성이 있음)
측정기의 특성, 측정자의 버릇, 이론의 오류 등

우연오차(방향성이 없음)
측정기의 정밀도 한계, 측정자의 무작위 측정 불균등, 제어할 수 없는 환경 변화 등

오차의 경향을 알면 피하거나 줄일 수도 있지

참고로 측정오차는 양쪽 다 적용하기도 하지만 측정자의 경험 부족과 오조작을 과실오차라고 하기도 해.

이런 오차의 영향으로 평균치에서 벗어나 흩어지는 거구나

그래 맞아. 데이터가 평균치에서 벗어나 흩어지는 것을 나타낸 것이 표준편차,

이에 반해 표본 분포가 평균치에서 벗어나흩어지는 것을 표준오차라고 하지.

표준편차를 표본 크기의 제곱근으로 나누면 얻을 수 있어.

그러니까 표본 크기가 커지면 표준오차는 작아지는 거지.

표본 수가 많아야 정확도가 올라 간다는 거구나

실험 회수·시행 회수·데이터 개수 등

연습으로 측정오차를 줄이는 것이 중요하지만 그래도 역시나 이상한 데이터가 나오기도 한다. 조사나 실험을 하다 보면 데이터의 전반적인 흐름에서 크게 벗어난 값이 나오는 일은 흔하니까.
그런 값을 이상치(Outlier)라고 해.

그림 4.6 이상치(○로 둘러싼 곳)

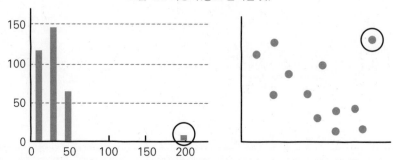

 아~. 이런 건 기분 나쁘다. 무시하고 싶은데 ….

 마음은 알지만 그렇다고 데이터를 제외시키는 것은 잘못된 일이야.

 알아. 그럼 어떻게 해야 돼?

 이상치의 원인으로 생각할 수 있는 게 몇 가지 있어. 그걸 검토하고 대처해야 하는 거지.
우선 기록 실수나 연산 실수 등의 오류를 체크해야 해. 문제가 없으면 측정오차를 의심하고 다시 측정하는 거고. 이렇게 해서 해결하는 것도 많아.
하지만 해결되지 않을 경우에는 데이터를 자세히 살펴봐야겠지. 실험 조건이 변하지 않았는지, 조사 중에 이상은 없었는지 등등. 여러 방향에서 데이터를 확인해 보고 그래도 짚이는 문제가 없다면 이상치를 해석에서 빼지 않는 것이 좋아.

 음, 판단하기 어려울 것 같은데……

 그래 맞아. 참값을 딱 찍기는 불가능하니까.

그래도 어쨌든 근사하게 모집단의 특징을 파악하는 게 **추측통계학**이야. 오차를 얼마나 배제하느냐가 관건이지.

 그렇구나. 차라리 누군가 몰래 참값을 알려주면 좋겠는데.

 맞아(ㅋㅋ).

데이터를 모으는 것은 사람이다. 아무래도 실수를 할 때도 있고 측정기의 정밀도에 한계가 있으면 정확한 데이터를 얻기도 어려운 법이다. 그래도 가급적 오차가 나오지 않도록 노력해야 한다.

Colu𝔪ₙ 📖 실험의 측정오류

통계 데이터는 다양하다. 설문조사에서 설문이 유도적인 경우에는 결과에 영향을 미칠 수도 있다. 그렇지만 데이터를 모을 때 실수를 하는 일은 별로 없을 것이다. 기록 실수나 집계·계산 착오를 의심하는 정도에서 해결하는 것이 대부분이다.

이에 반해 과학 실험이나 조사 연구에서는 데이터를 취할 때 인위적인 오류가 있을 수 있다. 화학, 생물 실험에서는 약품 등의 액체나 고체를 다루는 일이 많다. 요즘은 디지털로 계측할 수 있는 것도 많이 팔리고 있는데 측정 장치를 사용해서 재는 일은 사람이 한다. 계산에서 도출된 이론값을 사람이 측정할 때 아무래도 측정오류가 발생하기도 한다. 초보적인 것에서부터 반복 훈련함으로써 정밀도를 높일 수 있는 것, 도저히 오류를 막을 수 없는 것(계통오차와 우연오차)까지 다양하다.

실험 전에 있을 수 있는 일로는 유효 숫자를 이해하지 못하는 경우다. 예를 들면 1mℓ의 메스 피펫(일정 용적을 정확히 재고 가늠해주는 기구)으로 0.739mℓ의 시약을 쟀다고 하자. 이때 사용한 메스 피펫 눈금이 소수점 둘째 자리까지밖에 없다면 소수 셋째 자리인 0.009는 눈대중으로 재야 한다. 따라서 이 경우의 유효 숫자는 3자릿수다. 유효 숫자를 이해하지 못한 채 계산하는 일이 없도록 주의해야 한다.

또한 측정할 때는 측정기를 올바르게 사용해야 한다. 메스 피펫은 ml 단위의 비교적 많은 양을 재는 기구이다. 유전자 실험 등의 경우에는 μl 단위의 미량을 재는 마이크로 피펫을 사용한다. 나는 생물의 유전 정보를 담당하는 DNA(디옥시리보 핵산)를 연구 대상의 샘플에서 추출해 특정 유전 영역을 증폭하는 PCR법(중합효소 연쇄반응, Polymerase Chain Reaction) 같은 분자 유전학적인 실험을 한다. 예를 들어 $50\mu l$의 용액 안에 $1\mu l$의 DNA 추출액을 넣는 실험 등 미량 용액을 다루는 작업이 많다. 이 작업에서 필요량을 잴 때 칩 끝을 용액 속에 깊이 담그면 칩의 외벽에도 용액이 묻는다. 그러면 필요량보다 많이 담겨버리는 일도 있다. $1\mu l$ 같은 미량의 경우 외벽에 묻은 용액의 양이 더 많을 수도 있어 실험에 미치는 영향이 매우 크다. 아주 섬세하고 예민한 작업이므로 되도록 정확하게 잴 수 있도록 연습할 필요가 있다.

실험을 할 때는 사전에 충분히 연습을 해야 한다. 그리고 이상치가 나올 경우에는 재측정해서 검증한다. 그렇게 해서 측정오차를 최소화할 필요가 있다.

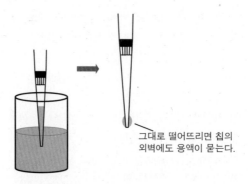

그대로 떨어뜨리면 칩의
외벽에도 용액이 묻는다.

그림 4.7 마이크로 피펫 사용 방법

냥이 선배~
어려운 말들이 많이
나와서 좀 헷갈려~

휴우~

좋아

표준편차는 Standard Deviation; SD
표준오차는 Standard Error; SE

SD는 표본 데이터가
(평균값에서 벗어나)
얼마나 흩어져 있는지
분산 정도를
나타내는 지표야.

이에 반해 SE는 평균값
그 자체가 흩어져 있는
것을 나타내지.

SD를
표본 크기(N)의
제곱근으로
나누면 얻을 수
있어.

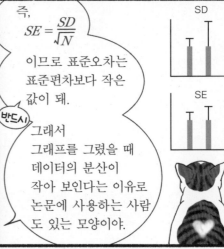

즉,

$$SE = \frac{SD}{\sqrt{N}}$$

이므로 표준오차는
표준편차보다 작은
값이 돼.

반드시

그래서
그래프를 그렸을 때
데이터의 분산이
작아 보인다는 이유로
논문에 사용하는 사람
도 있는 모양이야.

SD

SE

냥~

분산이 작아야
그래프는 근사한
것 같아.

그렇다면 전부
표준오차 SE로
해버리면?

아니야
아니야

오

제대로 구분해서
쓰지 않으면

구분하는 게
어려울
것 같아.

그냥 대충 쓴
논문도 있긴
하지만
그건 안 돼!

굴적
굴적

대충 말하자면
표본 데이터의
오차(분산)를
알고 싶은 건지,

모집단에서
표본 데이터를
추출할 때 수반되는
오차(정확도)를
알고 싶은 건지를
말하는 거야.

아하
그건 좀
알 것 같다.

북북
북북

예를 들어 한 학교
1학년 성적(모집단)을 보고
교내에서 자신이 어느 정도에
위치하는지 알고 싶은 경우는
표본 데이터의 정보로
충분하니까 SD로 OK.

내
성적은?

고양이
1학년

모집단

북북
북북

조사와 연구의 경우는
모집단이 너무 많아
다 조사하기는 어려우니까

실제로는 무작위로 표본을
추출하고 표본에서 모집단을
추정하는 거야.

추정 정확도가 어느 정도인지
알기 위해 SE를 사용하는 거지.

그렇군

107

표준편차는 단일 샘플 내의 변산성(데이터 값들이 평균으로부터 흩어져 있는 정도)을 측정하는 거야. 표준오차는 샘플 간의 변동성을 추정하기 위해 사용한다고 할까. 예외가 있을지도 모르지만 대략적으로 말하자면 이런 느낌이야.

 그렇구나~. 그럼 냐오 쌤이 쥐를 포획 조사한 데이터로부터 쥐의 전체 개체 수를 추정하는 경우는 표준오차를 사용하는 게 좋겠네.
모집단에서 무작위로 추출(포획)해서 쥐 전체를 추정하는 추측통계학이니까……

 그래 맞아. 같은 조건에서 여러 번 똑같은 조사를 하는 거야. 그리고 조사할 때는 매번 평균을 내야 해. 조사할 때마다 낸 평균 데이터를 사용해서 표준오차를 구하기도 하고 그래프를 그리기도 하거든. 그렇게 하는 게 이상적이야.

 말은 비슷하지만 역시 차이가 있네.

 냐이가 헷갈려하는 것도 당연해. 조금씩 이해하다 보면 괜찮을 거야.

    연구자들이 실시하는 대부분의 과학 실험은 모집단의 정보를 알아내기 위해 실험이나 조사를 해서 데이터를 모은다. 그런데 모집단이 너무 커서 모두를 조사할 수는 없다. 구하고 싶은 참값은 모르는 상태이다. 그래서 되도록 많은 데이터를 수집하고, 참값을 추측하기 위해서 통계해석을 하는 것이다.

    통계해석 방법은 여러 가지가 있는데 자신의 연구에 맞는 방법을 사용하지 않으면 의미가 없다는 것을 명심해야 한다.

냥이야,
또 하나
기억해둬야
할 게 있어.

뭐?

또 어려운 이야기?

아니.아니.
이번에는 표본평균에
관한 두 가지 정리를
설명하려고.

표본평균은
표본 크기가
커질수록
두 가지 경향을
보이거든.

두 가지?

① 대수의 법칙

표본평균은 표본 크기가
커질수록 참값인 모평균에
가까워진다

다수를 실험 조사해서
데이터를 많이
얻어야 추정의 정확도가
올라가고 오차가
작아진다는 거네

② 중심극한정리

표본 크기가 커질수록
표본평균분포가
정규분포에 가까워지고,
표본평균과 모평균의
차이=우연오차가 작아진다

그럼 쥐의
포획 조사도
1000개 정도의 덫으로
100명이서......

이상은
그렇지만
쥐를 잡는 데는
수고가... ♪♪

고양이의 평균 체중을
구할때는 이 두 가지를
적용할 수 있어.

예를 들면 5살
수컷 고양이의 평균
체중이라는 느낌으로
조건을 어느 정도
모으고 다수를
조사하면

정규분포에 가까워져
참값에 꽤 가까운
모평균을 얻을 수 있거든

그거 해볼래

① 대수의 법칙

표본평균은 표본 크기가 커질수록 참값인 모평균에 가까워진다.

② 중심극한정리

표본 크기가 커질수록 표본평균분포가 정규분포에 가까워지고, 표본평균과 모평균의 차이=우연 오차가 작아진다.

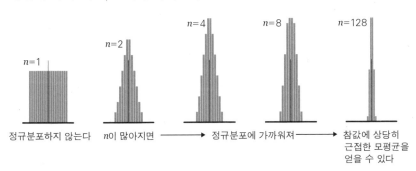

그림 4.8 n이 많아지면 정규분포에 가까워진다

표본평균은 표본 크기가 커질수록 모평균과의 차이가 작아지고 모평균에 가까워진다. 과학 실험, 특히 현장에서 조사할 때나 데이터를 얻기 어려운 생물을 조사할 때는 한계가 있지만 가능한 범위에서 표본 크기를 늘리는 것이 좋다.

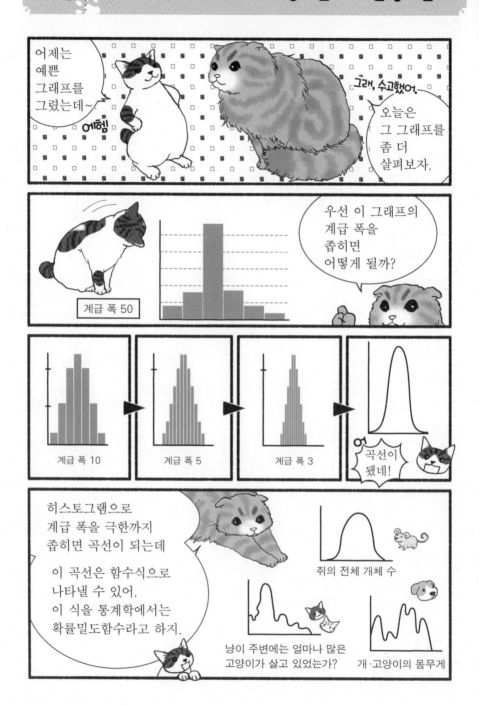

어제는 예쁜 그래프를 그렸는데~

어헴

그래, 수고했어.

오늘은 그 그래프를 좀 더 살펴보자.

계급 폭 50

우선 이 그래프의 계급 폭을 좁히면 어떻게 될까?

계급 폭 10

계급 폭 5

계급 폭 3

곡선이 됐네!

히스토그램으로 계급 폭을 극한까지 좁히면 곡선이 되는데

이 곡선은 함수식으로 나타낼 수 있어. 이 식을 통계학에서는 확률밀도함수라고 하지.

쥐의 전체 개체 수

냥이 주변에는 얼마나 많은 고양이가 살고 있었는가?

개·고양이의 몸무게

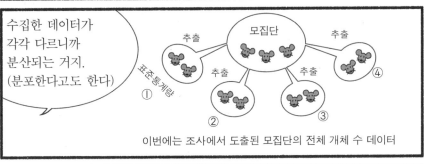

이번에는 조사에서 도출된 모집단의 전체 개체 수 데이터

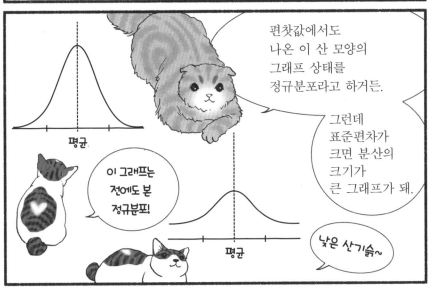

앞에서 설명한 수험생의 편찻값이나 전국 중학교 2학년생의 평균 몸무게처럼 조건이 같고 데이터 개수가 많으면 정규분포가 되는 거야.

> 그렇구나. 개와 고양이의 몸무게나 내가 아는 길고양이 친구가 얼마나 사는지 나타내는 그래프는 조건이 같지 않거나 수가 좀 적었지. 그러니까 좀 이상한 형태의 그래프가 되는 건 당연해.

그래. 길고양이의 데이터 개수는 너무 적었어. 개와 고양이의 몸무게는 개 품종·고양이 품종의 차이가 영향을 주었잖아. 게다가 개 전체, 고양이 전체라는 의미에서는 수가 너무 적기도 하고.

> 그렇군. 그런 걸 알면 그래프를 보고 판단할 수 있겠네.

그렇지. 일단 데이터를 수집해 평균값과 표준편차를 구하고 그래프를 그리면 왠지 해석한 듯한 기분이 들어. 하지만 그 데이터의 분포 상태를 파악해서 올바르게 사용해야 하는 거야.

그건 그렇고, 이 정규분포 그래프는 다음과 같은 방정식으로 나타낼 수 있어(확률밀도함수).

$$y = \frac{1}{\sqrt{2\pi\sigma^2}} \; e^{\frac{-(x-\mu)^2}{2\sigma^2}}$$

π는 원주율로 3.14159······.
μ는 평균, e는 자연로그의 밑[주]으로 2.71828······.
σ은 표준편차(0보다 크다).

이 분포를 '평균 μ, 표준편차 σ인 정규분포 $N(\mu, \sigma^2)$'라고 해. 참고로 N은 정규분포를 뜻하는 normal distribution의 머리글자이고, σ^2은 표준편차의 제곱이니까, 즉 분산을 말하는 거야.

> 모두 한 번쯤은 들은 적이 있는 것 같은데 수식으로 나타내니까 왠지 어려운 것 같아(ㅠㅠ).

조급해할 필요는 없어. 조금씩 익숙해질 테니까.

주1 네이피어의 수(Napier's number). 2.71828182845······으로 무한히 계속되는 초월수를 말한다. 십진법 표기로는 쓸 수 없기 때문에 보통 기호 e로 표현하는 값.

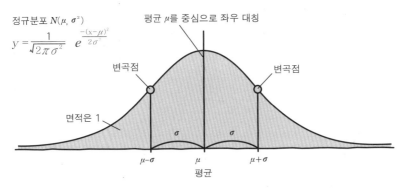

그림 4.9 정규분포 그래프의 특징

이 정규분포 그래프는 평균 μ을 중심으로 좌우 대칭으로 되어 있지. 그리고 평균 μ에서 오른쪽(+방향)으로 표준편차 σ만큼 간 곳 $=(\mu+\sigma)$, 평균 μ에서 왼쪽(−방향)으로 표준편차 σ만큼 간 곳 $=(\mu-\sigma)$에 곡선의 올록볼록(凹凸)한 변환점을 나타내는 곳인 변곡점이 각각 있어.

그리고 확률밀도함수와 X축으로 둘러싸인 부분(회색 부분)의 면적은 1이야. 이 면적은 모든 사상이 일어날 확률이지. 이번 경우처럼 작은 섬에서 쥐의 포획 조사를 한 결과로부터 얻을 수 있는 전체 개체 수(N)는 모두 이 면적 안에 포함돼.

그렇구나~.
냐오 쌤이 그러는데 같은 조건에서 3개체밖에 포획하지 못한 사람이 있었대. 그런 데이터는 어떻게 되지?

1차 조사에서 3개체밖에 포획하지 못한 경우 2차 조사에서 표시 개체가 포함될 가능성은 한없이 0에 가까워지겠지. 그리고 일단 0 이상이니까 역시 회색 면적 안에는 포함되는 거야. 분명히 측정오차 수준이니까 좀 더 포획 스킬을 올리지 않으면 안 되겠지만 말이야.

참고로 평균 μ가 같고 표준편차 σ가 달라지면 산의 높이와 기슭의 폭이 바뀌지. 표준편차가 작으면 갸름하고 뾰족한 높은 산이 되고, 앞서 설명했듯이 표준편차가 크다 = 분산이 크다면 낮고 기슭이 퍼진 산이 돼.

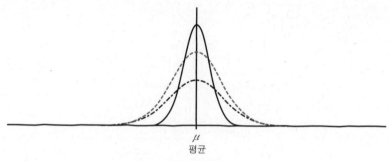

그림 4.10 평균 μ가 같고 표준편차 σ가 바뀔 경우

 이에 반해 표준편차가 같고 평균 μ가 바뀌면 그래프의 모양은 같은 상태에서 좌우로 이동한다.

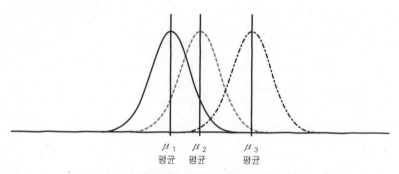

그림 4.11 표준편차 σ가 같고 평균 μ가 바뀔 경우

그래프만 봐도 여러 가지를 연상할 수 있을 것 같아.

그래, 첫인상은 중요하지.
그리고 이 그래프로 알 수 있는 게 있어.

μ와 $\mu+\sigma$ 사이의 면적은 다음과 같다는 걸 알 수 있어.

34.13%=0.3413……①

$\mu+\sigma$와 $\mu+2\sigma$ 사이의 면적은

13.59%=0.1359……②

$\mu+2\sigma$와 $\mu+3\sigma$ 사이의 면적은

2.145%=0.02145……③

$\mu+3\sigma$ 이상의 면적은……

0.135%=0.00135……④

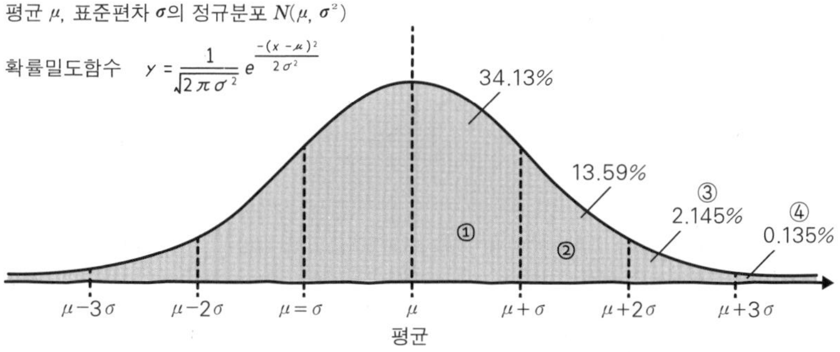

평균 μ, 표준편차 σ의 정규분포 $N(\mu, \sigma^2)$

확률밀도함수 $\quad y = \dfrac{1}{\sqrt{2\pi\sigma^2}} e^{\frac{-(x-\mu)^2}{2\sigma^2}}$

34.13%

13.59%

③ 2.145%

④ 0.135%

①

②

$\mu-3\sigma$ $\quad$ $\mu-2\sigma$ $\quad$ $\mu=\sigma$ $\quad$ μ $\quad$ $\mu+\sigma$ $\quad$ $\mu+2\sigma$ $\quad$ $\mu+3\sigma$

평균

그림4.12 정규분포

그리고 확률밀도함수는 좌우 대칭이므로

$\mu \pm \sigma$ 사이의 면적은

68.26%=0.6826

$\mu \pm 2\sigma$ 사이의 면적은

95.44%=0.9544

$\mu \pm 3\sigma$ 사이의 면적은

99.73%=0.9973

그 이외의 면적은

0.27%=0.0027

이야.

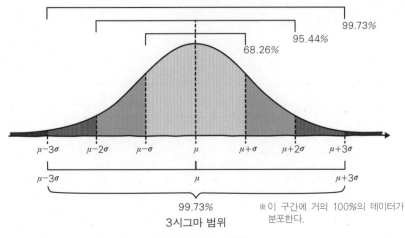

그림 4.13 3 시그마 범위

음~.
좌우 대칭이라 2배인 것은 알겠는데, 이게 어떤 의미가 있는 거지?

예를 들면 이번 쥐 포획 조사의 경우 평균 230개체, 표준편차 30인 정규분포로 나타낼 수 있다고 하자. 이때 이 결과를 이용하면 200(=230−30) 개체에서 260(=230+30) 개체 사이에 조사 결과(포획 수)를 얻은 사람은 약 68%라는 걸 알 수 있는 거야.

그리고 $\mu \pm 2\sigma$ 사이에는 95%, $\mu \pm 3\sigma$ 사이에는 99%, 거의 전부가 들어가지. 이 구간을 3시그마 범위라고 하기도 해.
특히 68%와 95%는 잘 나오니까 기억해두는 게 좋아.

알았어~.

자, 여기서 좀 더 깊이 들어가볼까?
어떤 확률변수 X의 확률 분석이 정규분포 $N(\mu, \sigma^2)$일 때, 확률변수 X는 $N(\mu, \sigma^2)$에 따른다고 하고, $X \sim N(\mu, \sigma^2)$으로 나타내지 μ는 평균, σ^2은 분산이지. 그리고 정규분포에서 평균이 0, 분산이 1, 즉 표준편차가 1인 것을 표준정규분포라고 해.
사실 표준정규분포는 정규분포를 표준화(기준화)하면 생기는 거야.

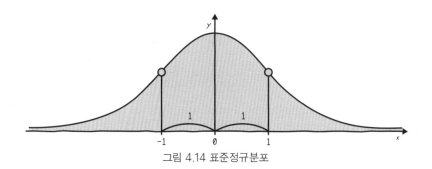

그림 4.14 표준정규분포

 표준화? 아, 편찻값을 낼 때 공부한 기준화 같은 거?

 그래. 잘 기억하네!

 표준화를 구하는 계산식은

$$기준값 = \frac{(각\ 데이터) - (평균)}{표준편차}$$

이었으니까, 마찬가지로 $X \sim N(\mu, \sigma^2)$일 때

$$Z = \frac{X - \mu}{\sigma}$$

이 식에서 모두 표준화하면 $Z \sim N(0, 1)$이 되지.

 Z?

 표준정규분포일 때는 Z를 사용하는 일이 많아. 정규분포에서는 X를 사용하는데 말이지. 정규분포와 구별하지 않으면 혼란스러울 거야.

 그런데 정규분포를 표준화하는 건 왜지?

 좋은 질문이야. 그런 걸 모르면 수식만 봐도 괴롭거든.

 우선 평균을 0으로 하면 $x=0$으로 하는 좌우 대칭 그래프가 되잖아. 그러면 x축의 눈금이 평균을 축으로 표준편차의 $\pm N$배가 되는 거야.
즉, $\mu = 0$이고 $\sigma^2 = 1$에서 $\sigma = 1$이니까,

$\mu \pm 1\sigma$, $\mu \pm 2\sigma$, ……, $\mu \pm N\sigma$는, ± 1, ± 2, ……, $\pm N$
이야.

평균 0, 표준편차 1인 표준정규분포 $N(0, 1)$ 그래프

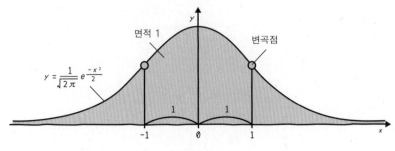

그림 4.15 표준정규분포의 성질

 그래. 그건 알기 쉽네.

그렇지. 이렇게 표준화하면 모든 분포를 표준정규분포로 비교할 수 있어. 표준화
함으로써 다른 것을 비교할 수 있게 되는 거지. 편찻값에서도 그랬잖아.
그리고 각 데이터가 집단 안에서 상대적으로 어느 위치에 있는지 표준화하면
알 수 있어.

그리고 표본 데이터가 정규분포를 따르는 경우는 이 데이터를 표준화하면 표준
정규분포표를 이용해서 확률을 구할 수 있지.

 확률?

예를 들면 '표준정규분포를 따르는 Z가 취하는 값이 z 이상이 되는 확률'이라
든가.

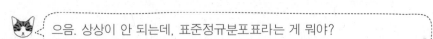 으음. 상상이 안 되는데, 표준정규분포표라는 게 뭐야?

이거야(다음 페이지 참조).

표 4.4 표준정규분포표

z	0.00	0.01	0.02	0.03	0.04	0.05	0.06	0.07	0.08	0.09
0.0	0.5000	0.4960	0.4920	0.4880	0.4840	0.4801	0.4761	0.4721	0.4681	0.4641
0.1	0.4602	0.4562	0.4522	0.4483	0.4443	0.4404	0.4364	0.4325	0.4286	0.4247
0.2	0.4207	0.4168	0.4129	0.4090	0.4052	0.4013	0.3974	0.3936	0.3897	0.3859
0.3	0.3821	0.3783	0.3745	0.3707	0.3669	0.3632	0.3594	0.3557	0.3520	0.3483
0.4	0.3446	0.3409	0.3372	0.3336	0.3300	0.3264	0.3228	0.3192	0.3156	0.3121
0.5	0.3085	0.3050	0.3015	0.2981	0.2946	0.2912	0.2877	0.2843	0.2810	0.2776
0.6	0.2743	0.2709	0.2676	0.2643	0.2611	0.2578	0.2546	0.2514	0.2483	0.2451
0.7	0.2420	0.2389	0.2358	0.2327	0.2296	0.2266	0.2236	0.2206	0.2177	0.2148
0.8	0.2119	0.2090	0.2061	0.2033	0.2005	0.1977	0.1949	0.1922	0.1894	0.1867
0.9	0.1841	0.1814	0.1788	0.1762	0.1736	0.1711	0.1685	0.1660	0.1635	0.1611
1.0	0.1587	0.1562	0.1539	0.1515	0.1492	0.1469	0.1446	0.1423	0.1401	0.1379
1.1	0.1357	0.1335	0.1314	0.1292	0.1271	0.1251	0.1230	0.1210	0.1190	0.1170
1.2	0.1151	0.1131	0.1112	0.1093	0.1075	0.1056	0.1038	0.1020	0.1003	0.0985
1.3	0.0968	0.0951	0.0934	0.0918	0.0901	0.0885	0.0869	0.0853	0.0838	0.0823
1.4	0.0808	0.0793	0.0778	0.0764	0.0749	0.0735	0.0721	0.0708	0.0694	0.0681
1.5	0.0668	0.0655	0.0643	0.0630	0.0618	0.0606	0.0594	0.0582	0.0571	0.0559
1.6	0.0548	0.0537	0.0526	0.0516	0.0505	0.0495	0.0485	0.0475	0.0465	0.0455
1.7	0.0446	0.0436	0.0427	0.0418	0.0409	0.0401	0.0392	0.0384	0.0375	0.0367
1.8	0.0359	0.0351	0.0344	0.0336	0.0329	0.0322	0.0314	0.0307	0.0301	0.0294
1.9	0.0287	0.0281	0.0274	0.0268	0.0262	0.0256	0.0250	0.0244	0.0239	0.0233
2.0	0.0228	0.0222	0.0217	0.0212	0.0207	0.0202	0.0197	0.0192	0.0188	0.0183
2.1	0.0179	0.0174	0.0170	0.0166	0.0162	0.0158	0.0154	0.0150	0.0146	0.0143
2.2	0.0139	0.0136	0.0132	0.0129	0.0125	0.0122	0.0119	0.0116	0.0113	0.0110
2.3	0.0107	0.0104	0.0102	0.0099	0.0096	0.0094	0.0091	0.0089	0.0087	0.0084
2.4	0.0082	0.0080	0.0078	0.0075	0.0073	0.0071	0.0069	0.0068	0.0066	0.0064
2.5	0.0062	0.0060	0.0059	0.0057	0.0055	0.0054	0.0052	0.0051	0.0049	0.0048
2.6	0.0047	0.0045	0.0044	0.0043	0.0041	0.0040	0.0039	0.0038	0.0037	0.0036
2.7	0.0035	0.0034	0.0033	0.0032	0.0031	0.0030	0.0029	0.0028	0.0027	0.0026
2.8	0.0026	0.0025	0.0024	0.0023	0.0023	0.0022	0.0021	0.0021	0.0020	0.0019
2.9	0.0019	0.0018	0.0018	0.0017	0.0016	0.0016	0.0015	0.0015	0.0014	0.0014
3.0	0.0013	0.0013	0.0013	0.0012	0.0012	0.0011	0.0011	0.0011	0.0010	0.0010
3.1	0.0010	0.0009	0.0009	0.0009	0.0008	0.0008	0.0008	0.0008	0.0007	0.0007
3.2	0.0007	0.0007	0.0006	0.0006	0.0006	0.0006	0.0006	0.0005	0.0005	0.0005
3.3	0.0005	0.0005	0.0005	0.0004	0.0004	0.0004	0.0004	0.0004	0.0004	0.0003
3.4	0.0003	0.0003	0.0003	0.0003	0.0003	0.0003	0.0003	0.0003	0.0003	0.0002
3.5	0.0002	0.0002	0.0002	0.0002	0.0002	0.0002	0.0002	0.0002	0.0002	0.0002
3.6	0.0002	0.0002	0.0001	0.0001	0.0001	0.0001	0.0001	0.0001	0.0001	0.0001
3.7	0.0001	0.0001	0.0001	0.0001	0.0001	0.0001	0.0001	0.0001	0.0001	0.0001
3.8	0.0001	0.0001	0.0001	0.0001	0.0001	0.0001	0.0001	0.0001	0.0001	0.0001
3.9	0.0000	0.0000	0.0000	0.0000	0.0000	0.0000	0.0000	0.0000	0.0000	0.0000

…우와~. 이걸 어떻게 사용해?

 아까 말한 '표준정규분포를 따르는 Z가 취하는 값이 z 이상이 되는 확률'로 설명해볼게. 확률변수 $Z(Z \sim N(0,1)$가 어떤 값 $z(z>0)$보다 커질 확률 $P(Z>z)$을 표준정규분포표를 사용해서 구하는 거야. 즉, 아래 그래프의 빗금 부분에 데이터가 들어갈 확률인 거야.

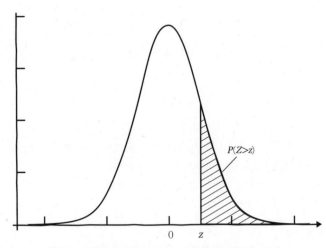

그림 4.16 표준정규분포표를 이용한 확률(빗금 부분)

 아, 그래프로 보니까 알 것 같다.

 다행이네.

 표준정규분포표를 사용하는 방법은 표의 맨 왼쪽을 먼저 보는 거야.
거기에 z의 소수 첫째 자리 수치가 주어져 있거든.
그리고 맨 위는 z의 소수 둘째 자리 수치야.
예를 들면 $P(Z>1.96)$, 즉 1.96 이상의 값을 취할 확률을 알고 싶은 경우는 맨 왼쪽에 있는 1.9와 맨 위에 있는 0.06이 교차하는 곳을 보는 거야.

 그럼 0.0250이다!

 정답!
그럼 $P(Z<1.96)$는?

에!?

 힌트. 확률밀도함수와 X축으로 둘러싸인 부분의 면적은 1.

 그래!

$$P(Z<1.96)=1-0.0250=0.9750$$

이다!

정답~
>과 <을 잘 사용하면 여러 가지 면적=확률을 구할 수 있지.

오오~ 그거 편리한데!

이제 알았겠지만, 면적＝비율＝확률이야.
수식이 잔뜩 나오는 데다 그 수식이 기호 투성이라 혼란스러웠을 거야. 하지만 구체적인 예제를 풀어보면 이해될 테니 걱정하지 마.
답답하겠지만 포기하지 말고 열심히 공부해보자.

쥐의 개체 수 추정에서는
표본 데이터 값이
정규분포이기 때문에
추정값이 모집단의 참값에
가까웠던 건가?

모두
그렇다고는 할 수 없어.
때로는 좋거나 나쁜
데이터를 수집할 가능성도
있으니까.
한 번 조사한 결과로 얻은
평균만으로 정해버리면
왜곡된 수치가
나올 수도 있거든.

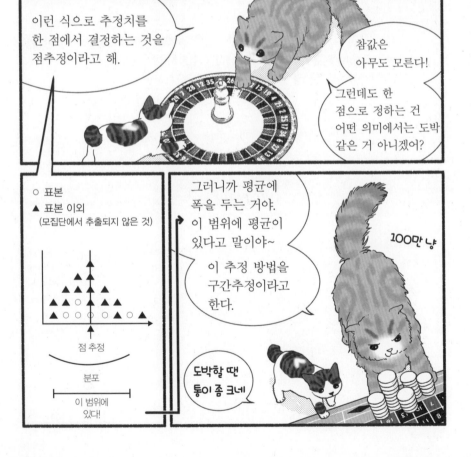

이런 식으로 추정치를
한 점에서 결정하는 것을
점추정이라고 해.

참값은
아무도 모른다!

그런데도 한
점으로 정하는 건
어떤 의미에서는 도박
같은 거 아니겠어?

○ 표본
▲ 표본 이외
(모집단에서 추출되지 않은 것)

점 추정

분포

이 범위에
있다!

그러니까 평균에
폭을 두는 거야.
이 범위에 평균이
있다고 말이야~

이 추정 방법을
구간추정이라고
한다.

100만 냥

도박할 땐
통이 좀 크네

그리고 이 폭을 신뢰구간 이라고 해.

신뢰구간

이 폭은 어떻게 정하는 거야?

결정하는 기준이 되는 것이 신뢰계수인데

신뢰수준 혹은 신뢰도라고도 하지.

처음 듣는 말들이 많이 나오네~

자주 사용되는 것은 95%

95%

99%

데이터 추출과 구간추정을 100회 라고 했을 때 평균이 95회 정도 들어가는 것을 '신뢰계수 95%'라고 하고, 그 구간을 '95% 신뢰구간'이라고 해.

참고로 신뢰구간 범위 외에서는 유의수준이라고 하는

그래프의 흰색 부분을 95% 신뢰구간으로 하면 회색 부분이 유의수준이야.

95%

2.5%

95%의 나머지가 5%이니까 그 절반인 2.5% 씩이네~

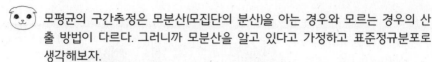 모평균의 구간추정은 모분산(모집단의 분산)을 아는 경우와 모르는 경우의 산출 방법이 다르다. 그러니까 모분산을 알고 있다고 가정하고 표준정규분포로 생각해보자.
표준화한 표본평균의 분산＝표준오차는 1이었어. 그러니까 계산이 간단하고 표준정규분포표를 사용할 수 있게 되는 거야.

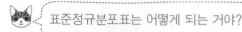 표준정규분포표는 어떻게 되는 거야?

 우선 그래프의 회색 부분은 2.5%씩이었잖아. 그러니까 0.025인 거야.
그 값을 표준정규분포표에서 찾아보자.

음. 1.96 부분이 0.025네.

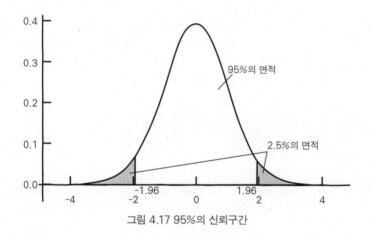

그림 4.17 95%의 신뢰구간

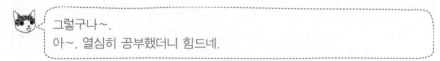 그래. 그러니까 95%의 신뢰구간은 위 그래프처럼 −1.96부터 1.96 사이가 되는 거야.

그렇구나~.
아~, 열심히 공부했더니 힘드네.

잘했어. 오늘은 여기까지 하자.

정말 궁금한 참값은 아무도 모른다. 하지만 참값에 가까운 값을 얻을 수 있도록 다양한 방법으로 검증한 결과 편리한 방법을 알아냈다. 특히 정규분포와 표준정규분포 그리고 표준정규분포표를 사용한 신뢰구간을 이해하면 보다 신뢰도가 높은 해석을 할 수 있다.

정규분포, 표준정규분포, 표준정규분포표를 사용한 신뢰구간은 여러분도 활용해보기 바란다.

제 5 장

고양이의 성격을 알아보자
독립성 검정

검은 고양이는 온순하고 응석꾸러기라 고양이를 처음 키우는 사람에게 권할 만하다.

반면 흰 고양이는 신경질적이고 기질이 강한 애가 많아서……

응?

냥이 선배!

고양이 성격은 털색과 관계가 있는 거야?

으음

사실은 과학적 검증이 되지 않은 것도 많으니까.

털색이 유전자에 의해서 정해지는 건 확실하지만….

유전자?

사람이나 고양이처럼 암수의 부모 유래 배우자 (정자나 난자)가 만나서 자손을 만드는 것을 유성생식이라고 해.

이 경우 아빠로부터 절반, 엄마로부터 절반을 합쳐 한 쌍의 유전자 세트를 이어받지.

흐~응

수컷 정자 ↓ 난자 암컷

그러니까 아빠와도 비슷하고 엄마와도 비슷하지만 같지는 않은 새끼가 태어나는 거야.

고렇구나~
나는
아빠는 모르지만
엄마를 쏙 빼닮았대……

엄마 보고 싶다……

그래도 엄마한테는
꼬리에 불그스름한
털이 좀 있었어.

냥이는 흰색이
섞여 있어서

영어로 브라운
매커럴 태비 앤 화이트
(Brown Mackerel Tabby
& White)라는 색이야.

분명 엄마는

'브라운 매커럴 토비
앤 화이트'일 거야

태비?
토비?

태비(Tabby)는 줄무늬
토비(Torbie)는 브라운과
레드가 섞여 있는 데다
줄무늬가 있는 털색을
말하는 거야

브라운(갈색)과
레드(빨간색)가
섞여 있는 데다
줄무늬가 있는 털색
을 말하는 거지.

삼색털 고양이(칼리코,
토터셸 & 화이트)

토비 & 오프 화이트
(패치드 태비 & 화이트)

'갈색·검정·블루·실버 같은 검은색 계열'과
'붉은색·크림·카메오* 같은 레드 계열'
양쪽이 나오는 건 암컷뿐이야.

얼룩고양이
(토터셸)

토비
(브라운 패치드 태비)

※1개의 털끝이 빨간색, 털뿌리 쪽이 흰색인 레드 실버라 불리는 색을 말한다.

131

참고로, 태비는 주로 이 두 종류야.

나도 이건데

매커럴 태비

클래식 태비

난 이거다!

말아자면 줄무늬

아메리칸 쇼트에어처럼 소용돌이가 있다

이외에도…

스포티드 태비

틱드 태비

벵갈 고양이 같은 반점

아비시니안처럼 언뜻 봐서는 줄무늬로 보이지 않아

유전에는 여러 가지 법칙과 패턴이 있어. 예를 들어 냥이의 경우는……

브라운(갈색) 우성
BB or Bb
매커럴 태비 열성
TT or TTᵇ
단모 우성
LL or Ll
밥테일 열성
tt

블루 열성
dd
클래식 태비 열성
TᵇTᵇ
장모 열성
ll
꺾어진 귀 우성
Fd

나는

자세한 건 뒤에서…

우성은
아빠나 엄마 중 어느 한쪽으로부터 유전자를 하나 물려받으면 겉으로 나타나지.

이에 반해 열성은 아빠와 엄마 양쪽, 즉 유전자가 2개가 아니면 겉으로 나타나지 않아.

그러니까 우성 유전자가 하나라도 있으면 겉으로 나타난다는 거구나

그러니까 나의 짧은 꼬리는 아빠로부터도 엄마로부터도 물려받은 거네.

밥테일 유전자 2개를 갖고 있다는 뜻이네

엄마는 밥테일이었지만 형과 여동생은 털이 길었는데……

그럼 아빠도 긴 꼬리이고

하나만 밥테일 유전자를 갖고 있었던 거야.

tt   Tt

Tt   tt   tt   Tt
형   누나   나   여동생

그런 걸 알 수 있구나

유전자란 대단하네!.

외모를 '표현형=페노타입(phenotype)'이라고 하고, 유전자 패턴을 '유전자형=제노타입(genotype)' 이라고 하는 거야.

하지만 같은 털색이라도 유전자가 다른 패턴도 있어서 털색을 보면 성격을 알 수 있다고 하기는 좀 뭐하지만….

예를 들어 나의 가족을 살펴볼게.

두근   두근

혈통서

열성인 블루와 크림 같은 옅은 색은 '다이루트(d)'라고 해. 나하고 아빠는 열성의 dd, 자녀인 내가 dd라는 것은 표현형이 우성의 브라운인 엄마도 유전자형은 Dd라는 거야.

즉, 다이루트 유전자를 1개 갖고 있지. 그리고 우성인 검은 고양이의 형제도 유전자형은 Dd야.

블루 앤 화이트
아빠
dd

브라운 클래식 태비
엄마
Dd

[블랙]
형
Dd

[브라운 클래식 태비]
동생
Dd

[블루 클래식 태비]
나
dd

이외에도 털색 관련 유전자가 많아서 복잡해.

그렇군… 유감이네

털색이 성격과 관련이 있다면 아주 흥미로웠을 텐데….

뭐 그래도 몇 가지 말할 수 있는 건 있어.

예를 들면 털색이 흰색이고 눈이 파란 고양이는 난청이 많아.

잘 들리지 않으니까 신경질적이겠지. 그것이 흰 고양이=신경질적이라고 말하는 이유인지도?

흰 고양이가 난청이 될 확률	
두 눈이 푸른색인 경우	50 ~ 80%
한쪽 눈이 푸른색인 경우	20 ~ 40%
두 눈이 푸른색 이외인 경우	20%

이것도 유전자와 관련

그건 그렇다 치고 최근에 성격 관련 유전자가 발견되었거든.

우와!!
궁금하다. 얘기 좀 해줘!

좋아!
그 얘길 하려면 '상관'이나 '검정' 같은 통계학 지식이 필요하니까 좀 더 공부해보기로 하자

또 공부야?

공부도 좋지만 유전자와 성격 연구가 어떤 것인지 대충이라도 좋으니까 알려줘.

하하하. 그래. 이 연구는 고양이의 성격 중 '거칠다'고 하는 측면에 어떤 특정 유전자가 영향을 미칠 가능성을 시사하고 있지.

거칠다? 그건 무서운 성질인데~. 친구가 되려면 좀 조심해야 되잖아 ……. 하지만 냥이 선배와는 관계가 없을 거 같아.

그렇지(웃음). 우리 스코티시폴드는 온화하고 대범하고 느긋해서 사람을 잘 따르는 고양이가 많거든. 그러니까 조사해보면 재미있을 것 같아(웃음).

어떻게 조사했어?

고양이의 옥시토신이라는 유전자를 조사해봤지. 거기서 3개의 스니프스(SNPs), (단일염기 다형성: 염기가 한 가지 돌연변이를 일으켜 다른 염기로 바뀌는 것)가 발견되었어. 이 3개의 SNPs와 고양이 성격에 관한 설문조사 결과를 비교 검토하고 통계해석을 해서 관련이 있는지 검증한 거지.

그 결과 고양이의 성격을 형성하고 있는 개방적, 우호적, 난폭함, 신경질적이라는 네 가지 측면 중 3개의 SNPs 가운데 하나가 난폭함에 특히 영향을 미칠 가능성이 있다는 걸 알아낸 거야.

난폭한 성질이 있는 고양이라는 걸 미리 알고 있으면 대책을 세울 수 있겠네. 나로서는 우호적인 면과 관련이 있는 것이 발견되었으면 좋겠는데~.

그래. 고양이끼리는 물론이고 최고의 반려동물이 되는 데도 온화하다, 공격성이 낮다, 우호적이다, 온순하다와 같은, 함께 있기에 안심할 수 있는 성격이 요구될 테니까~

그거 전부 냥이 선배에 해당되네.

하하하.
그럼 다음부터는 '상관'이나 '검정' 같은 통계학을 공부해볼까?

최근 몇 년 사이에 고양이에 대한 관심이 부쩍 높아져 고양이 붐이 일었다. 고양이를 키우는 사람이 늘면서 텔레비전이나 인터넷 등에서 고양이 행동을 설명하는 프로도 많이 볼 수 있게 되었다. 과학적 근거가 없는 잡다한 것도 있지만 최근에는 과학적으로 검증된 것들도 속속 발표되고 있다. 기존의 행동 관찰은 물론 이 책에서 소개한 분자유전학적인 최첨단 연구도 많이 진행되고 있다.

이런 조사나 실험 결과를 고찰하는 데도 통계해석은 불가결한 요소이다. 이 장에서는 설문조사를 분석할 때도 사용하는 '상관'과 '검정'에 대해서 공부하기로 한다.

 ## 고양이에 관한 대표적인 유전자

앞서도 언급했듯이 고양이 털 색깔을 결정하는 유전자는 많이 알려져 있다. 고양이 털 모양, 꼬리나 귀, 다리 길이 등 생김새에 관한 것도 몇 가지 발견되었다. 하지만 이것으로 모든 것을 설명하기는 어렵다. 〈표 5.1 고양이 외관 관련 주요 유전자 기호 일람〉을 참고하면 되지만 대표적인 유전자 기호를 유전의 법칙에 따라 몇 가지 소개한다.

우선 우열의 법칙은 가장 알기 쉬운 기본 법칙이다. 어떤 대립 형질, 예를 들면 고양이의 경우 '털이 짧다 ⇔ 털이 길다'와 같은 대립하는 형질이 있다. 대립형질에 대해 같은 유전자를 2개 가진 순계끼리 교배하면 그 후손(잡종 제1대: F1이라고도 한다)에서는 어느 한쪽의 형질만 나타난다. 고양이 털 길이의 경우, 단모 LL×장모 ll→ 단모 Ll(장모 유전자는 숨어 있다)과 같은 식으로 나타난다. 고양이의 단모처럼 겉으로 드러나는 형질을 우성, 장모처럼 숨은 형질을 열성이라고 한다.

냥이 선배가 본문에서 소개해준 것처럼 고양이에는 이런 유전자 기호가 있다.

- 단모(우성; L)와 장모(열성; l)
- 매커럴 태비(우성; T)와 클래식 태비(열성; T^b)(아비시니안에서 흔히 볼 수 있는 틱드 태비 (Ticked Tabbies) T^a는 T 및 T^b에 대해서 우성)
- 짙은 색(우성; D)과 다이루트(색소 희석)(열성; d)
- 긴 꼬리(우성; T)와 짧은 꼬리(열성; t)

다음의 3개는 모두 우성이다.

●스코티시폴드 특유의 꺾인 귀(Fd)
●아메리칸컬 특유의 휜 귀(Cu)
●먼치킨 특유의 짧은 다리(Dw)

참고로 흰 고양이(색소를 갖고 있지 않은 알비노와 달리 눈에 색소가 있는 것)는 우성 백색 유전자 W를 갖고 있다. 이 유전자는 다른 모든 털색 유전자(비우성 백색 유전자 w)에 대해 상위 유전자라서 W 유전자가 1개 있으면 모두 흰 고양이가 된다. 최강의 색깔 유전자라 할 수 있다.

이들은 모두 상염색체(성염색체 이외의 염색체)상에 있는 유전자다. 그렇지만 성염색체 상에 유전자가 있는 경우는 암수의 성에 따라 발현 비율이 다른 반성유전을 한다. 삼색털 고양이나 얼룩 고양이 같은 검은색 계열과 붉은색 계열의 두 가지 색이 혼재하는 털색은 암컷에만 나타난다는 것을 아는 사람도 있을 것이다(드물게 수컷에 나타나기도 하지만 그 개체의 대부분은 생식 능력이 없다).

털색이 붉은색 계열이 되는 유전자를 오렌지 유전자 O라고 한다. 한편 비오렌지 유전자 o는 검은색 계열이 된다. 두 유전자 간에 우열은 없다. 인간이나 고양이 같은 포유류의 성염색체는 수컷이 XY, 암컷이 XX이다. 오렌지 유전자 O와 비오렌지 유전자 o는 성염색체 중에서도 X염색체상에만 있다.

그러니까 X를 1개밖에 갖고 있지 않은 수컷에서는 붉은색 계열(O)과 검은색 계열(o) 중 어느 한쪽밖에 나타나지 않는다. 한편 X를 2개 갖고 있는 암컷은 한쪽에 오렌지 유전자 O, 다른 한쪽에 비오렌지 유전자 o가 있는 경우에 삼색털 고양이나 얼룩 고양이가 된다(삼색털은 상염색체상에 백반 유전자 S를 갖고 있는 경우).

고양이의 유전은 꽤 흥미롭다. 고양이의 유전만으로도 한 권의 책을 쓸 수 있을 정도로 많은 식견을 얻을 수 있다. 통계학과 마찬가지로 유전학도 어려워서 멀리하기 십상인 분야다. 하지만 친밀한 고양이로 생각해보면 이해하기 쉽고 재미있다. 이번 냥이 가족처럼 만난 적 없는 아빠고양이의 특징을 추측할 수가 있다. 앞으로 태어날 새끼고양이가 어떤 털색이고 어떤 모양새를 하고 있을지 예상할 수도 있다.

표 5.1 고양이 외관 관련 주요 유전자 기호 일람

털색 유전자				
털색 항목	유전자명	특징	유전자 기호 (우성)	유전자 기호 (열성)
1개의 털 색깔	아고티	1개의 털에 색띠가 있다.	A	
	넌 아고티 (비아고티)	한 가지 색깔의 털		a
줄무늬	틱드 태비 (아비시니안 태비)	아비시니안처럼 얼핏 보면 줄무늬로 보이지 않지만 털 하나하나에 색띠가 있다.	T^a	
	스트라이프 태비	고등어의 반점과 비슷한 줄무늬 (매커럴 태비라고도 한다)	T	
	클래식 태비	소용돌이치는 듯한 불규칙적이고 굵은 줄무늬(블러치드 태비라고도 한다)		t^b
검은색 계열의 색깔	검은색 착색	블랙(검은색)	B	
	브라운	브라운(초콜릿색)		b
	라이트 브라운	라이트 브라운(계피색)		b^l
붉은색 계열의 색깔	오렌지	오렌지(성염색체상;고양이의 경우는 X염색체 상에 존재하고, 반성유전을 해서 붉은색 계열의 색깔을 발현한다)	O	
	비오렌지	비오렌지(반성유전해서 검은색 계열의 색상이 된다. 붉은색 계열은 발현하지 않는다)		o
흰색 계열의 색깔	우성 백색	이 유전자가 하나라도 있으면 흰색 고양이가 된다. 최강의 컬러 유전자	W	
	노멀 컬러 (비우성 백색)	노멀 컬러. 다른 컬러 유전자로 결정된 색깔을 그대로 발현한다.		w
백반	백반	불완전 우성으로 백반을 만든다.	S	
	비백반	이 유전자가 2개 있으면 백반을 만들지 않는다.		s
포인트 컬러	풀컬러 (비컬러 포인트)	몸 전체에 색이 있다. 털색을 만드는 효소를 작동시킨다.	C	
	버미즈 (버마 고양이)	풀컬러 고양이에 비해 손발이나 귀, 꼬리 끝 등의 색깔이 살짝 짙다. 풀컬러와 컬러 포인트의 중간 색상		c^b
	시아미즈 (시암고양이)	샴고양이(시암고양이)처럼 손발, 귀, 꼬리 끝 등 체온이 낮은 곳이 다른 부분보다 색깔이 짙어지는 포인트 색상		c^s

털색 유전자				
털색 항목	유전자명	특징	유전자 기호 (우성)	유전자 기호 (열성)
색의 농도	덴스(dense, 농축된 색)	희석되지 않은 진한 색	D	
	다이루트(Dilute, 색소 희석)	색소 희석. 블루나 크림색 같은 연한 색이 된다.		d
색소 억제	색소 억제(멜라닌 인히비터)	털 뿌리쪽 색깔이 연하다. 이 유 전자가 1개라도 있다면 실버나 스모크(털뿌리가 희고 끝에 색이 들어 있다)가 된다.	I	
	비색소 억제	털 뿌리쪽 색깔이 연해지지 않 는다.		i
모질 유전자				
털 길이	단모	이 유전자가 1개라도 있으면 털 이 짧다.	L	
	장모	이 유전자가 2개 있으면 털이 길다.		l
귀, 꼬리, 다리 형태의 유전자				
귀	꺾인 귀(폴드)	귀가 앞으로 꺾여 있다.	Fd	
	휜 귀(컬)	귀가 뒤로 젖혀 있다.	Cu	
꼬리	긴 꼬리	이 유전자가 1개라도 있으면 꼬 리가 길다.	T	
	짧은 꼬리(밥테일)	이 유전자가 2개 있으면 꼬리 가 짧다.		t
	꼬리 없음(맹크스)	이 유전자가 2개 있으면 새끼고 양이가 죽는 치사 유전자. 이 유 전자가 1개 있으면 꼬리가 없다 (혹은 꼬리가 짧다).	M	
	긴 꼬리 (비맹크스)	이 유전자가 2개 있으면 꼬리가 길다. 밥테일의 t유전자와는 다 른 유전자.		m
다리	짧은 다리(먼치킨)	다리(사지)가 짧다.	D_w	

출처: 구로세 나오코(2016) 〈고양이가 이렇게 귀여워진 이유 No.1 애완동물 진화의 수수께끼를 풀다〉 PHP연구소

Column 고양이의 털색과 질환

앞에서 냥이 선배가 말한 대로 흰 고양이한테는 난청인 개체가 많다. 왜 그럴까?

모든 색상 유전자보다 상위인 우성 백색 유전자 W는 색소를 만드는 세포 멜라노사이트(멜라닌 형성 세포)의 기능을 억제한다. 그 때문에 피모의 색이 하얗게 된다. 또 이 멜라노사이트는 동공의 색깔에도 영향을 준다. 동공의 색소가 옅어져 눈이 파랗게 보이는 것이다. 이것은 하늘이 파랗게 보이는 레일리 산란(물질의 미립자에 빛이 닿았을 때 산란이 일어나는 현상)과 같은 원리이다.

우성 백색 유전자 W는 내이에 있는 달팽이관이라는 소리를 증폭하는 기관의 형성에도 영향을 준다. 그로 인해 청각 장애를 일으킨다.

그렇다고 모든 흰 고양이가 난청인 것은 아니다. 흰 고양이가 난청이 될 확률은 이 책에 도 나와 있듯이 '둘 다 파란 눈이면 50~80%', '한쪽만 파란 눈이면 20~40%', '양쪽 다 파란 눈이 아닐 경우는 20% 정도'이다.

참고로, 냥이처럼 유색 부분과 하얀 부분이 있는(앤 화이트) 고양이는 우성 백색 유전자 W와는 다른 '백반 유전자 S'를 갖고 있다. 이 유전자는 유전자 간의 우열 관계가 명료하지 않은 불완전한 상태인 불완전 우성으로 백반을 만든다. SS는 백반이 많고, S_s는 백반이 적다고 하지만 불완전 우성이어서 엄밀히 말하기는 어렵다.

이에 반해 열성인 비백반 유전자 s는 2개가 있으면 백반이 생기지 않는다. 백반이 없는 블루 태비인 냥이 선배가 그렇다. 냥이 선배의 아빠고양이는 흰 부분이 있지만 엄마고양이는 냥이 선배처럼 백반이 없는 브라운 태비였다. 그러므로 아빠고양이의 유전자형은 Ss 로 추측할 수 있다.

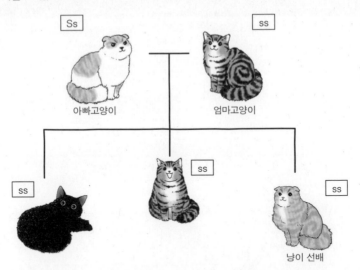

그림 5.1 냥이 선배 가족의 백반 유전자의 유전자형과 표현형

털색이 질병과 관련이 있는 것이 있다. 샴고양이 등에서 볼 수 있는 포인티드 컬러 (pointed collar)는 사시로 알려져 있다. 인간의 사시는 안구가 여러 방향으로 향하는 증례 이다. 그런데 고양이의 경우는 사물을 볼 때 눈동자가 안쪽으로 몰리는 내사시, 즉 모들 뜨기눈이 많다.

코, 귀, 사지의 끝·꼬리 같은 말단 부분만 짙어지는 포인티드 컬러는 '시아미즈 유전자 c^s'에 의한 것이다. 흥미롭게도 이 포인티드 컬러는 온도(체온)에 따라 바뀐다. 따뜻한 환경에서는 포인트 색이 옅어지고 추우면 전체적으로 진해진다.

시아미즈 유전자 c^s와 대립하는 유전자는 '풀컬러 유전자 C(우성)'이다. 풀컬러 유전자 C는 멜라닌 합성 반응을 관장하는 티로시나아제 효소의 작용을 돕는다. 이 유전자에 변이가 일어난 것이 네 가지 타입이며(모두 열성) 그중 1개가 시아미즈 유전자 c^s다(그 외 3개는 알비노 C, 파란 눈을 가진 알비노 c^a, 버미즈 c^b).

시아미즈 유전자 c^s는 온도가 높은 부분(약 38℃ 이상)에 한하며 티로시나아제의 작용을 억제한다. 그 때문에 시아미즈 유전자 c^s를 2개 이상 가질 경우 체온이 높은 몸통 부분은 색소 형성이 억제되고, 체온이 낮은 말단 부분에는 색소가 형성되기 때문에 진해진다.

그리고 이 유전자는 눈에도 영향을 미친다. 보다 따뜻한 머리뼈 안에 있는 눈에서는 색소 형성이 억제되기 때문에 흰 고양이처럼 파란 눈이 된다.

그런데 멜라닌 색소는 망막의 세포로부터 시신경의 경로를 결정하는 데 영향을 미친다. 그 때문에 발육 과정에서 색소 형성을 억제하는 시아미즈 유전자 c^s가 망막에 작용하면 보통은 일어나지 않는 망막 외측으로부터 정보 전달이 일어날 수가 있다. 그 결과 정상과는 다른 시신경의 경로가 생기기도 하는데, 이 시신경의 경로가 원인이 되어 내사시가 된다.

그림 5.2 포인티드 컬러 고양이에 많은 내사시

고양이의 조상인 리비아살쾡이는 브라운 매커럴 태비이다. 이 야생형(야생 집단에서 가장 많이 볼 수 있는 유형)을 기반으로 우성 백색 유전자 W나 백반 유전자 S, 시아미즈 유전자 c^s가 돌연변이로 나타난 것이 지금의 고양이다.

자연계에 흰 개체가 없는 이유는 '흰색이면 눈에 띄어 천적의 습격을 받기 때문'이라는 설이 있다. 하지만 적어도 고양이에게는 생태계의 상위에 위치하는 식육목 고양이를 포식하는 천적이라 할 만한 상대는 없다. 물론 보다 대형 식육목의 압력을 받거나 쫓길 수는 있다. 또한 새끼인 경우에는 습격을 당하기도 한다. 하지만 그것보다는 유전성 질환이 나타날 가능성이 높고 엄격한 자연환경에서는 자연도태(자연계에서 그 환경 조건에 적응한 생물은 생존하고, 그렇지 못한 생물은 저절로 사라지는 일)되기 때문이 아닐까 필자는 생각한다.

그런데도 고양이 중에 하얀 개체가 많은 이유는 흰 고양이가 아름답고 특히 좌우 눈동자 색깔이 다른 홍채 이색증(오드아이, odd-eye)는 행운을 부른다고 해서 사람들이 귀하게 여긴 것과도 관계가 있을 것이다.

고양이의 인위적인 번식에 대해서는 찬반 의견이 있다. 많은 고양이를 매년 살처분하는 상황에서는 '살처분하게 될 고양이를 구하기 위해서라도 번식을 중단해야 한다'는 말에 공감할 수 있다. 특히 순혈종에 많은 유전성 질환은 없애야 할 과제이다.

한편 고양이는 인간과 더불어 사는 반려동물로서의 수요도 기대된다. 고양이는 개와 달리 산책시킬 필요가 없고, 나무 등 높은 곳에 오를 수도 있어 공간을 삼차원으로 쓸 수 있기 때문에 완전한 실내사육이 가능하다. 때문에 키우는 데 드는 비용이 적다. 그런 의미에서도 고령화 현상이 급속히 진행되고 있는 지금, 고양이는 전 인류는 물론이고 고령자에게 특히 최고의 반려동물이 될 수 있다.

사람들은 온화한 반려동물을 선호한다. 유전성 질환의 발현을 가능한 한 억제하면서 온화한 성격의 고양이를 선택적으로 유지한다. 그리고 점차 온화한 고양이의 비율이 높아지면 고양이는 애완동물이 아니라 의료나 복지현장에서 인간의 마음을 치유하는 동물매개치료(애니멀 테라피 animal therapy)로 자리잡지 않을까? 개를 좋아하는 사람들은 '고양이는 아무 소용이 없다', '고양이는 개보다 영리하지 못하다'고 말하기도 한다. 이런 말을 들으면 나는 고양이가 사회에 보다 필요한 동물이 될 가능성이 있음을 어떻게든 증명하고 싶어진다.

성격 관련 유전자

유전자에 의해 털색이나 형태가 정해진다는 것은 이해하면서도 유전자가 성격을 결정한다고 하면 의아하게 생각하는 사람도 있을 것이다. 성격과 행동 등은 후천적 환경에 의해서 형성되기도 한다. 하지만 선천적, 즉 타고난 유전자가 성격을 좌우한다는 사실을 입증하는 사례도 보고되고 있다.

사람의 경우는 분자유전학적 연구가 활발하다. 성격 관련 유전자 역시 사람에게서 처음 발견되었다. 1996년 도파민 수용체 DR의 하나인 D4 수용체 D4DR의 유전자형과 신기성(새롭고 기이한 성질)을 추구하는 성격 사이에 관련이 있음이 보고되었다. 이러한 경향은 원원류(原猿類, 슬로로리스 등과 같은 원시적인 원숭이류)나 진원류(眞猿類, 원시적인 원원류를 제외한 고등의 원숭이류를 통틀어 이르는 말) 등에서 확인되고 있다.

또한 개를 대상으로 안드로겐 수용체의 유전자를 조사해봤더니 공격성과 관련이 있는 것으로 나타났다. 이 유전자는 개의 조상인 늑대에게 많고 개의 경우에는 적은 것으로 보고되고 있다. 가축화 과정이란 공격성이 적은 개체끼리 교배해 순종적이고 다루기 쉬운 가축으로 바꾸어가는 것을 말한다. 따라서 가축화 과정에서 공격성에 관여하는 유전자도 동시에 줄었을 것으로 짐작할 수 있다.

이외에도 이 책에서 소개하는 고양이의 옥시토신 수용체의 유전자와 난폭함, 말의 세로토닌 수용체의 유전자와 유순함 등이 보고되고 있다. 사람과 관련 있는 동물의 경우 공격성과 유순함 등은 중시되는 성격 요인이다. 향후에도 성격 유전자의 연구가 더욱 진행되기를 기대한다.

DNA 다형성

모든 생물은 DNA(디옥시리보 핵산)라는 유전 정보 설계도를 갖고 있다. DNA는 A(아데닌), G(구아닌), C(시토신), T(티민)이라는 네 종류의 염기와 당, 인산으로 구성되어 있다. 이 염기 배열은 생물에 따라 다르다. 유성 생식을 하는 생물의 DNA 배열이 완전히 똑같은 것은 아니다. 부모와 자식이 닮긴 했으나 다른 부분이 있는 것과 같다. 이처럼 생물의 종류나 개체 사이에 DNA는 다양성이 존재한다. 이를 DNA 다형성이라고 한다.

나의 전문 분야 중 하나가 분자계통학이다. 분자계통학에서는 대상 생물의 염기 배열을 조사하고 비교한다. 비교하다 발견한 다른 부분= 염기 치환(어떤 염기가 다른 종류의 염기에 치환되는 변이)을 바탕으로 분자계통수를 작성하는 것이다. 염기 치환의 수가 많을수록 유전적으로 다르고, 적을수록 가까운 혈연이라고 판단할 수 있다. 종 간분만 아니라 종 내에서도 DNA 다형성을 볼 수 있다.

최근에는 뉴스 등에서도 DNA 감정이라는 말이 자주 언급된다. 범죄 수사에도 이용하는 DNA 감정은 DNA 염기 배열 중 같은 염기 배열이 반복되는 미소부수체(short tandem repeat; STR)나 단순 반복 염기서열(simple sequence repeat; SSR)이 사용된다.

CA라는 2개의 염기를 단위로 해서 배열되는 미소부수체를 예로 들어 생각해보자. 인간 등의 포유류는 아버지와 어머니로부터 절반씩 유전 정보를 이어받는 유성 생식을 한다. 어떤 미세부수체에서 아버지가 CA를 5회 반복하는 배열을 갖고 있고, 어머니가 CA를 7회 반복하는 배열을 갖고 있다면 자식은 부모로부터 제각각 물려받는다.

즉, CA를 5회 반복하는 배열과 CA를 7회 반복하는 배열을 갖게 된다. 그러므로 이런 미소부수체를 다양하게 조사하면 부모와 자식 간이든 형제 간이든 일치하는 확률은 한없이 낮아지기 때문에 개인 식별이 가능하다.

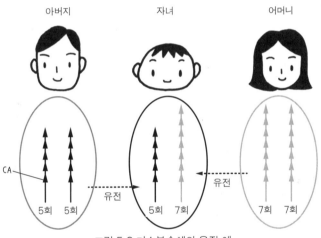

그림 5.3 미소부수체의 유전 예

그리고 이 책에 등장하는 SNPs(단일염기 다형성)도 최근 들어 주목을 받고 있다. SNPs가 질환이나 약에 대한 응답성에 관여한다는 사실이 밝혀지기 시작했으며, 특히 의학 분야에서의 발전이 기대된다.

이런 DNA 배열의 차이를 발견하여 유효하게 이용하는 학회도 있다. 내가 소속되어 있는 일본 DNA 다형성 학회(http://dnapol.org/)는 법의학, 인류학, 동물, 식물, 수산 등 여러 분야의 생물을 대상으로 여러 유형의 DNA 다형성에 대해서 연구·보고하는 독특한 학회다. 한 해에 한 번 열리는 학술 집회는 학회 회원이 아닌 사람도 참여할 수 있는 공개 토론회도 개최한다. 다양한 DNA 다형성에 관한 연구가 발표되니 관심 있는 사람은 참여해보기 바란다.

낭이 선배~
성격 유전자 연구에서는 SNPs가 많을수록 거친 고양이가 많았잖아?

성격 유전자 연구에서는 특정 SNPs를 가진 개체와 갖지 않는 개체를 비교해서 특정 SNPs를 가진 개체와 거친 성격 관계를 알아 낸 거야.

응? 내가 잘못 안 거 아니지??

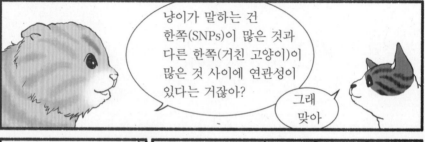

낭이가 말하는 건 한쪽(SNPs)이 많은 것과 다른 한쪽(거친 고양이)이 많은 것 사이에 연관성이 있다는 거잖아?

그래 맞아

그건 SNPs를 갖고 있는가 갖고 있지 않는가와는 다른 거야?

'상관'은 두 '변수' 사이의 직선적인 관계를 말하는 거야

변수란 x나 y처럼 일정 범위 내에서 값이 변화하는 수치를 넣을 수 있는 상자 같은 거야.

그러니까 우선은 상관부터 공부해보자.

이건 또 뭐야!

x, y (5, 3)

x, y (3, 2)

x, y (1, 1)

그렇구나
그래프로 나타내면 쉽게 이해할 수 있을 거야.

상관에도 여러 가지가 있으니까 차례로 공부해 보자.

예를 들어 인간으로 말하면 '키가 크면 몸무게도 많이 나간다'든가

양의 상관

한쪽이 증가하면 다른 한쪽도 증가한다.

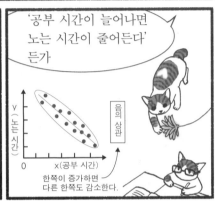

'공부 시간이 늘어나면 노는 시간이 줄어든다'든가

음의 상관

한쪽이 증가하면 다른 한쪽도 감소한다.

양의 상관관계는 산포도상의 점이 오른쪽 위를 향해 분포하고, 음의 상관은 산포도상의 점이 오른쪽 아래를 향해 분포한다. 직선적인 관계가 인정되지 않는 분포를 무상관이라고 한다.

무상관

이런 그래프를 산포도 라고해

그런데
양의 상관과 음의 상관 그래프는 직선이 될 것 같아

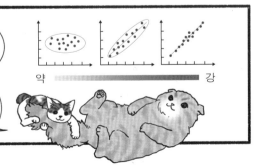

맞아
상관관계의 강도는 직선에 가까울수록 강해지지.

그리고 모든 데이터가 일직선으로 늘어섰을 때가 상관이 가장 강하고.

약   강

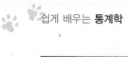

그래프로 보니까 훨씬 쉽네.

그렇지. 여기서 잠깐 3장으로 돌아가볼까. 양적 데이터와 질적 데이터를 구분해야 한다고 3장에서 말했잖아?

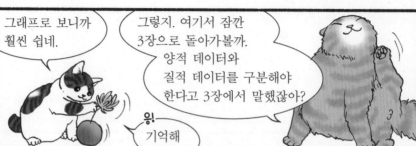

응. 기억해

상관 그래프를 보면 대략적인 양·음의 상관이나 강약은 알 수 있지만

관계의 강도가 어느 정도인지 명확하게 알기는 힘들잖아.

그렇지~

그러니까 숫자로 기준을 나타내주면 좋을 텐데~

그래비

객관적으로 판단할 수 있는 숫자로 바꿔줄게.

데이터의 종류에 따라 달라 주의할 필요는 있지만

우선 두 변수가 모두 양적 데이터인 경우에 사용하는 단순상관계수 에 대해서 공부해보자.

양적 데이터 - 양적 데이터	단순상관계수	-1 ~ 1
양적 데이터 - 질적 데이터	상관비	0 ~ 1
질적 데이터 - 질적 데이터	크라메르 관련 계수	0 ~ 1

네 알기 쉽게 설명해 주세요~

단순상관계수 r를 구하는 계산식은

$$r = \frac{x와 \ y의 \ 편차곱의 \ 합}{\sqrt{x의 \ 편차제곱합 \times y의 \ 편차제곱합)}} = \frac{S_{xy}}{\sqrt{(S_{xx} \times S_{yy})}}$$

어…… 편차에 제곱합은 알지만 x와 y의 편차곱의 합은….
으음…….

편차제곱합은 표준편차에서 나왔지. 편차를 제곱한 것을 더한 거였어. x와 y의 편차곱의 합은 x의 편차와 y의 편차를 곱한 것을 더한 거고.

실제로 계산해보는 게 최고야. 고양이 몸길이(꼬리 제외)와 몸무게의 관계를 예로 들어 계산해보자.

표 5.2 고양이 몸길이와 몸무게의 관계

	x 몸길이 (cm)	y 몸무게 (kg)
고양이 A	62	4.5
고양이 B	58	3.8
고양이 C	65	5.4
고양이 D	68	6.0
고양이 E	63	4.7
합계	316	24.4
평균	63.2	4.9

우선 표준화 때처럼 평균을 중심으로 한다. 즉, 각 데이터와 평균의 차이=편차를 구하는데, 이것이 ③과 ④(편차)야.
그런 다음 얻어진 편차의 제곱을 구해서 더하면 ⑤의 합계 $=S_{xx}$, ⑥의 합계 $=S_{yy}$가 돼(편차제곱합).
마지막으로 편차곱을 구해서 더하면 ⑦의 합계 $=S_{xy}$가 되는 거지(편차곱의 합).

표 5.3 각 고양이의 몸길이·몸무게의 편차, 편차제곱합, 편차곱의 합

	① x 몸길이 (cm)	② y 몸무게 (kg)	③ $x-\overline{x}$ 몸길이의 편차	④ $y-\overline{y}$ 몸무게의 편차	⑤ $(x-\overline{x})^2$ 몸길이의 편차제곱	⑥ $(y-\overline{y})^2$ 몸무게의 편차 제곱	⑦ $(x-\overline{x})\times(y-\overline{y})$ 몸길이와 몸무게의 편차곱
고양이 A	62	4.5	62-63.2 = -1.2	4.5-4.9 = -0.4	1.44	0.16	0.48
고양이 B	58	3.8	58-63.2 = -5.2	3.8-4.9 = -1.1	27.04	1.21	5.72
고양이 C	65	5.4	65-63.2 = 1.8	5.4-4.9 = 0.5	3.24	0.25	0.90
고양이 D	68	6.0	68-63.2 = 4.8	6.0-4.9 = 1.1	23.04	1.21	5.28
고양이 E	63	4.7	63-63.2 = -0.2	4.7-4.9 = -0.2	0.04	0.04	0.04
합계	316	24.4	0	0	54.8	2.87	12.42
평균	63.2	4.9			↑x의 편차 제곱합	↑y의 편차 제곱합	↑x와 y의 편차곱의 합

오호~!

그럼, 단순상관계수를 구해보자.

$$r= \frac{x와\ y의\ 편차곱의\ 합}{\sqrt{(x의\ 편차제곱합\ \times\ y의\ 편차제곱합)}} = \frac{S_{xy}}{\sqrt{(S_{xx} \times S_{yy})}}$$

$$=12.42 \div (\sqrt{(54.8 \times 2.87)}) = 12.42 \div 12.54097 = 0.9903540156 \cdots \fallingdotseq 0.990354$$

계산했다!
그런데 0.990354라는 수치는 어떻게 평가해야 하지?

일반적으로 단순상관계수가 0.9 이상 혹은 -0.9 이하면 매우 강한 상관이 있다고 봐.
뭐, 이런 평가는 다루는 대상이나 연구 분야의 관례도 있는 것 같으니까 종합적으로 판단해야 할 것 같아.
일단 기준은 그렇다는 거야.

표 5.4 일반적인 단순상관계수의 평가 기준

단순상관계수	평가
0.9 ～ 1.0	매우 강한 양의 상관관계
0.7 ～ 0.9	다소 강한 양의 상관관계
0.5 ～ 0.7	다소 약한 양의 상관관계
−0.5 ～ 0.5	매우 약하거나 거의 상관관계가 없다
−0.7 ～ −0.5	다소 약한 음의 상관관계
−0.9 ～ −0.7	다소 강한 음의 상관관계
−1.0 ～ −0.9	매우 강한 음의 상관관계

 그렇구나～. 그럼 이번 계산에서 구한 0.990354는 매우 강한 양의 상관관계네!

 그래, 고양이 몸길이와 몸무게 사이에는 매우 강한 양의 상관관계가 있다는 것이지. 이젠 상관비로 넘어가볼까?

 네. 상관비도 쉬웠으면 좋겠다.

단순상관계수는 양적 데이터와 양적 데이터 사이에 직선적인 관련이 있는지 어떤지 명확하게 밝혀주는 지표이다. 그 때문에 직선은 아니지만 명확하게 관련이 있을 것 같은 분포(곡선 등)는 평가할 수 없다. 상관계수는 산포도 직선의 기울기와는 무관하다.

그리고 데이터 수가 적으면 의미가 없는 경우도 있다. 데이터가 2개밖에 없는 경우에는 두 점 사이에 직선이 그려지기 때문이다. 이상치가 있는 경우에도 영향을 받는다. 그러니까 상관계수는 산포도와 함께 종합적으로 평가해야 한다.

산포도를 그리면 직선이 되어 상관관계가 있는 것처럼 보이지만 사실 인과관계가 없는 경우도 있다. 인과관계란 '2개 이상 사이에 원인과 결과의 관계가 있다'고 할 수 있는 관계를 말한다. 원인이 있으니까 결과가 있다. 즉, 원인이 없으면 결과가 일어나지 않는 일방통행 관계이다. 이에 반해 상관관계는 '한쪽 값이 변화하면 다른 한쪽의 값도 변화한다'는 두 값의 관련성을 의미한다. 양쪽이 연동되어 있는 것이다. 상관관계 속에 인과관계도 포함되지만 상관관계=인과관계는 아니다. 이를 구분하는 방법이 있다. 우선 데이터의 바탕이 되는 샘플에 어떤 배경이 있는지 생각해보면 된다. 그리고 상관관계에 있는 두 변수 이외의 요소가 관계되어 있지는 않은지 주변의 데이터도 함께 확인한다.

이제 양적 데이터와 질적 데이터의 관계를 평가해보자.

얼마 전에 냥이도 응답해준 설문조사 데이터를 사용해서 설명할게.

그래 설문조사에 응했지

🐱 고양이 설문조사 🐱

Q1. 성별은?
1.(수컷) 2. 암컷 3. 거세 수컷 4. 피임 암컷

Q2. 어느 손을 주로 사용하는가?
1. 오른손 2.(왼손)

Q3. 좋아하는 맛은 어떤 것인가?
1.(물론 치킨) 2. 생선 Love!! 3. 고급 비프

Q4. 털색은?
1. 검정 2. 흰색 3. 갈색 4. 삼색털 5.(기타)
브라운 매커럴 태비 앤 요아트

Q5. 자신은 어떤 성격이라고 생각하는가?
1.(장난꾸러기) 2. 느긋하고 대범함 3. 츤데레
4. 응석둥이 5. 신경질적
6. 화를 잘 냄

Q6. 몇 살인가?   **0.3** 살

Q7. 몸무게는 몇 kg인가?   **1.1** kg

Q8. 수면시간은 하루에 몇 시간 정도인가? **20** 시간

사실 냐오 쌤이 조사하기 위해 도내 몇 군데 고양이 카페의 도움을 받아 데이터를 모은 거야.

와! 재미있겠다

Q6이 양적 데이터, Q3이 질적 데이터. 나이에 따라 맛에 대한 취향이 다른지, 어떤지 알아보자.

		Q6몇 살?	Q3좋아하는 음식은?
A	🐱	3	치킨
B	🐱	6	생선
C	🐱	2	치킨
D	🐱	7	생선
E	🐱	1	치킨
F	🐱	4	비프
G	🐱	2	치킨
H	🐱	4	비프
I	🐱	1	치킨
J	🐱	6	생선
K	🐱	5	생선
L	🐱	3	치킨

난 치킨!

	치킨	생선	비프	
	3	6	4	
	2	7	4	
나이	1	6		
(살)	2	5		
	1			
	3			합계
합계	12	24	8	44
건수	6	4	2	12
평균	2	6	4	전체 평균 : 3.6666667 ≒ 3.7

역시 치킨이 인기네

이게 그래프
(데이터 수가 좀 적지만)

어떤 느낌이 들어?

나이(살)

7 · · ·
6 · · ·
5 · · ·
4 · · · · · ·
3 · · · · · ·
2 · · · · · ·
1 · · · · · ·

치킨　　생선　　비프

왠지
각각 관련이
있는 것 같아.

그래. 우선 나이의 폭을
보는 거야. 치킨은 1~3살,
생선은 5~7살,
비프는 4살로 중복이 없어.
다만 그룹 내의
나이 분산은 치킨
생선에서 다소 있지.

맞아 그렇네

좋아
그래프로도 대충
알았으니까 이제
계산해보자!

네에~

153

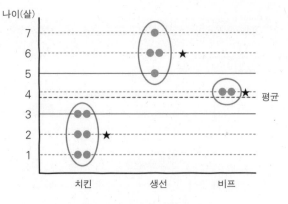

그림 5.4 맛에 대한 취향과 나이

★ 마크는 각 그룹의 평균이고 검은색 점선은 전체 평균이야. 그런데 많이 분산되어 있네.

그렇네.

양적 데이터와 질적 데이터의 관련 여부는 상관비를 구하면 알아볼 수 있거든. 상관비를 구하는 계산식은

$$\frac{급간변동}{(급내변동 + 급간변동)}$$

이야.

급간변동? 급내변동?

급간변동은 각 그룹의 평균과 전체 평균의 차이로 구할 수 있는 그룹 간의 분산을 말하는 거야. ★ 마크와 전체 평균(검은색 점선)의 위치 관계에 주목하면 쉽게 이해할 수 있어.

급내변동은 그룹 내의 분산을 말하는 것으로, 세 그룹의 편차제곱합을 합한 거야. 구체적으로 계산해보면 쉽게 이해가 될 거야.

먼저 각 그룹의 편차제곱합을 구해볼까?

표 5.5 입맛의 편차제곱합

치킨 (나이-나이의 평균)²	생선 (나이-나이의 평균)²	비프 (나이-나이의 평균)²
$(3-2)^2 = (1)^2 = 1$	$(6-6)^2 = (0)^2 = 0$	$(4-4)^2 = (0)^2 = 0$
$(2-2)^2 = (0)^2 = 0$	$(7-6)^2 = (1)^2 = 1$	$(4-4)^2 = (0)^2 = 0$
$(1-2)^2 = (-1)^2 = 1$	$(6-6)^2 = (0)^2 = 0$	—
$(2-2)^2 = (0)^2 = 0$	$(5-6)^2 = (-1)^2 = 1$	—
$(1-2)^2 = (-1)^2 = 1$	—	—
$(3-2)^2 = (1)^2 = 1$	—	—
4	2	0

급내변동=세 그룹의 편차제곱합=4+2+0=6

 다음은 급간변동인데, 이건 세 그룹에 대해서

(각 그룹의 데이터 수)×(각 그룹의 평균−전체의 평균)²

을 구해 더한다.

$6×(2-3.7)2+4×(6-3.7)2+2×(4-3.7)2=6×2.89+4×5.29+2×0.09$
$=17.34+21.16+0.18=38.68$

이렇게 해서 상관비를 구할 수 있다.

$$\frac{급간변동}{(급내변동+급간변동)} = 38.68 ÷ (6+38.68) = 0.8657117\cdots ≒ 0.8657$$

 나왔다~! 이건 1에 가까우면 강한 상관관계를 가진다고 할 수 있는 거야?

 그래 맞아. 일단 평가 기준으로는 이런 느낌이야.

표 5.6 일반적인 상관비의 평가 기준

상관비	평가
0.8 ~ 1.0	매우 강한 상관관계를 갖고 있다
0.5 ~ 0.8	다소 강한 상관관계를 갖고 있다
0.25 ~ 0.5	다소 약한 상관관계를 갖고 있다
0.25 미만	매우 약한 상관관계를 갖고 있다

 나이와 좋아하는 맛은 매우 강한 상관관계를 갖고 있구나! 나이가 어린 고양이들은 치킨을 좋아하고 나이가 많을수록 생선을 좋아한다? 18살 먹은 고령의 냥이 선배는?

나는 치킨과 생선 둘 다 좋아하는데. 특히 참치 회와 익힌 닭 가슴살을 좋아해(웃음).

 그건 누구나 좋아하는 거야.

양적 데이터와 질적 데이터의 관계를 평가할 경우에는 상관비를 사용한다. 상관비는 0에서 1까지의 값을 취한다. 1에 가까울수록 두 변수가 강한 상관관계를 가지고 있다고 평가할 수 있고, 0에 가까울수록 상관관계가 약해진다. 단순 상관계수는 값의 범위가 다르므로 주의해야 한다.

참고로 이번 설문조사 결과는 계산상 '나이와 좋아하는 맛은 매우 강한 상관관계를 갖고 있다'고 평가할 수 있다. 그러나 제3장에서 설명했듯이 데이터 개수가 적으면 값이 왜곡될 가능성이 있다. 이 설문조사도 데이터 개수가 적기 때문에 우연일 수도 있다. 100마리 정도의 데이터가 모이면 신뢰성이 높고 흥미로운 평가를 얻을 수 있을 것이다.

이제 질적 데이터와 관련된 내용만 남았군.

질적 데이터는 수치가 아니잖아. 그런데 어떻게 관련성(상관)을 조사하지?

자, 여기서 유전자와 성격이 어떻게 관련되어 있는지 평가해보자.

냥이에게도 알기 쉽게 지난번 설문조사 Q5의 성격 세 가지를 사용해볼게.

어떤 SNPs를 갖고 있는가? 갖고 있지 않은가? 그 관련을 알아보는 거야.

어떤 SNPs	신경질적	장난꾸러기	응석둥이	계
있음	15	35	26	76
없음	26	23	25	74
계	41	58	51	150

난 장난꾸러기에 해당되나

이처럼 두 변수를 곱한 표를 분할표 (크로스집계표) 라고 해.

이해하기 쉽게 비율로 살펴보자.

어떤 SNPs	신경질적	장난꾸러기	응석둥이	계(%)
있음	15/76 × 100=20	35/76 × 100=46	26/76 × 100=34	100
없음	26/74 × 100=35	23/74 × 100=31	25/74 × 100=34	100
계	41/150 × 100=27	58/150 × 100=39	51/150 × 100=34	100

어떤 SNPs를 갖고 있는 경우는 장난꾸러기가 많고 갖고 있지 않은 경우는 차이가 없는 건가?

그런 얘기지. 그럼 질적 데이터끼리의 관련 정도를 나타내는 지표인 크래머의 연관계수*를 구해보자.

좀 복잡하지만·힘내야 해!!

*독립계수라고도 한다.

크래머의 연관계수는

$$\sqrt{\frac{{X_0}^2}{\text{모든 데이터의 개수} \times (\min\{\text{분할표의 행의 개수, 분할표의 열의 개수}\}-1)}}$$

로 구할 수 있다.

x^2은 피어슨의 카이제곱 통계량이라고 해서

$$\frac{(\text{실측도수}-\text{기대도수})^2}{\text{기대도수}}$$

의 총계다.

너무 어려워~!!

괜찮아. 차례로 따라 가다 보면 어렵지 않을 거야.

우선 맨 처음에 꺼낸 표의 값이 실측도수야.

어떤 SNPs	신경질적	장난꾸러기	응석둥이	계
있음	15	35	26	76
없음	26	23	25	74
합계	41	58	51	150

다음은 기대도수를 각각 계산해보자.

계산 방법은 예를 들어 'SNPs 있음' '신경질적'의 값이면

$$\frac{\text{'SNPs 있음'의 합계} \times \text{'신경질적'의 합계}}{\text{모든 데이터의 개수}}$$

로 구할 수 있어.

어떤 SNPs	신경질적	장난꾸러기	응석둥이	합계
있음	$\frac{76 \times 41}{150}=20.77$ …①	$\frac{76 \times 58}{150}=29.39$ …②	$\frac{76 \times 51}{150}=25.84$ …③	76
없음	$\frac{74 \times 41}{150}=20.23$ …④	$\frac{74 \times 58}{150}=28.61$ …⑤	$\frac{74 \times 51}{150}=25.16$ …⑥	74
합계	41	58	51	150

식이 복잡하니까 기대도수 값에 각각 번호를 붙여봤어.

이게 준비가 다 됐으니까 다음을 구해보자.

$$\frac{(실측도수-기대도수)^2}{기대도수}$$

이렇게 하면 실측도수와 기대도수의 크기를 알 수 있지.

 좀 복잡하니까 먼저 번호를 사용한 식으로 바꿔보자.

어떤 SNPs	신경질적	장난꾸러기	응석둥이
있음	$\frac{(15-①)^2}{①}$	$\frac{(35-②)^2}{②}$	$\frac{(26-③)^2}{③}$
없음	$\frac{(26-④)^2}{④}$	$\frac{(23-⑤)^2}{⑤}$	$\frac{(25-⑥)^2}{⑥}$

그래. 훨씬 알기 쉽네.

 이것을 실제로 계산한 게 아래 표야.

어떤 SNPs	신경질적	장난꾸러기	응석둥이
있음	$\frac{33.2929}{20.77}=1.602932$ $\cdots≒1.603$	$\frac{31.4721}{29.39}=1.070843$ $\cdots≒1.071$	$\frac{0.0256}{25.84}=0.000990$ $\cdots≒0.001$
없음	$\frac{33.2929}{20.23}=1.645719$ $\cdots≒1.646$	$\frac{31.4721}{28.61}=1.100038$ $\cdots≒1.100$	$\frac{0.0256}{25.16}=0.001017$ $\cdots≒0.001$

우와!? 구체적인 숫자가 됐네~. 뭔지 이해할 수 있을 것 같아.

 잘됐네. 위 표의 회색 부분의 값을 합친 것이 χ^2 이야.

구해보자.

$$1.603+1.646+1.071+1.100+0.001+0.001=5.422$$

그렇군.
$x_0^2=5.422$
인 거네.

 그래. 이제 크래머의 연관계수 값을 구하는 식을 계산해보자.

$$\sqrt{\frac{{X_0}^2}{\text{모든 데이터의 개수} \times (\min\{\text{분할표의 행의 개수, 분할표의 열의 개수}\}-1)}}$$

 덧붙여서 'min{분할표의 행의 개수, 분할표의 열의 개수}'는 분할표(크로스집계표)의 행의 개수와 열의 개수에서 작은 쪽의 개수를 나타내는 거야.

이번에는 행의 개수가 2, 열의 개수가 3이니까 작은 쪽은 2이지.

$$\sqrt{\frac{5.422}{150 \times (\min\{2,3\}-1)}} = \sqrt{\frac{5.422}{150 \times (2-1)}} = \sqrt{\frac{5.422}{150}} = 0.190122767354851 \fallingdotseq 0.1901$$

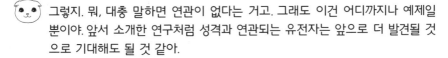 야호! 크래머의 연관계수 값은 0.1901이다!
이것도 1에 가까워질수록 연관이 강해지는 거야?

응, 맞아. 일단 평가 기준으로는 이런 느낌이야. 상관비와 마찬가지지.

표 5.7 일반적인 크래머의 연관계수 평가 기준

크래머의 연관계수	평가
0.8 ~ 1.0	매우 강하게 연관되어 있다
0.5 ~ 0.8	다소 강하게 연관되어 있다
0.25 ~ 0.5	다소 약하게 연관되어 있다
0.25 미만	매우 약하게 연관되어 있다

 0.1901은 0.25 미만이니까 이번에는 매우 약하게 연관되어 있다는 거네.

그렇지. 뭐, 대충 말하면 연관이 없다는 거고. 그래도 이건 어디까지나 예제일 뿐이야. 앞서 소개한 연구처럼 성격과 연관되는 유전자는 앞으로 더 발견될 것으로 기대해도 될 것 같아.

기대가 되네. 여러 성격에 관계되는 유전자가 좀 더 발견되면 좋을 텐데.

질적 데이터의 관계를 평가할 경우는 크래머의 연관계수를 사용한다. 상관비와 마찬가지로 0에서 1까지의 값을 취하는 것이 크래머의 연관계수다. 1에 가까워질수록 두 변수가 강한 상관관계를 갖는다고 평가할 수 있다. 반대로 0에 가까워질수록 관련이 약해진다. 단순상관계수, 상관비, 크래머의 연관계수 3가지 모두 '값이 ○ 이상이면 두 변수가 강하게 연관되어 있다고 할 수 있다'와 같은 통계학적인 기준은 없다. 앞에서 제시한 표는 어디까지나 기준이므로 주의해야 한다.

계산하기 어려웠지만 크래머의 연관계수 값을 구할 수 있게 돼서 후련하네~

쪽쪽

상으로 받은 간식이야

파이팅!!

하지만 이건 이번 설문 조사 결과에 한정된 값이라서 고양이가 일반적으로 그렇다고는 할 수 없어.

나도 간식♪

응, 정말?

냐~~~~~~~앙

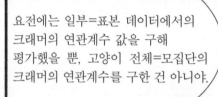

요전에는 일부=표본 데이터에서의 크래머의 연관계수 값을 구해 평가했을 뿐, 고양이 전체=모집단의 크래머의 연관계수를 구한 건 아니야.

고양이 전체

이번 조사

어, 그래……

또 표본과 모집단을 동일시해 버렸네……

그럼 모집단의 크래머의 연관계수 값은 어떻게 구하는 거야?

안타깝게도 모집단의 크래머의 연관계수 값은 알 수 없어.

대신 가설을 세우고 검정해서 판정 하는 거지.

모든 고양이를 조사해야 계산할 수 있으니까

?

가설?

구체적으로는 '모집단의 값 크래머의 연관 계수 값이 0인지 아닌지'를 추측하는 거야.

0으로 연관이 있는지 없는지를 판단(검정) 한다는거야.

좀 엉성하지 않아?

하하하

통계학에도 한계가 있거든.

검정에도 여러 가지가 있으니까 더 알아보자!

대충 설명하면 가설검정은 모집단에 대해서 가정된 가설을 표본 데이터에 근거해 검증하는 걸 말하는 거야.

대표적인 검정 몇 가지를 알려줄게.
먼저 많이 사용하는 검정으로 독립성 검정이라는 게 있는데, 이건 질적 데이터 간의 연관성을 평가하는 크래머의 연관계수 값이 0이 아닌지를 추측하는 거야. 이것을 카이제곱검정이라고도 해.

그걸로 모집단의 크래머의 연관계수 값을 검정하는 건가?

그렇지. 그리고 양적 데이터와 질적 데이터의 연관을 평가하는 상관비의 값이 0인지 아닌지 추측하는 것이 상관비 검정이야.
양적 데이터 간의 연관성을 평가하는 단순상관계수 값이 0인지 아닌지를 추측하는 것이 무상관 검정이고.

지난번에 공부한 세 가지 상관관계를 평가할 수 있는 검정이 있겠네.

그래. 이외에도 2개의 다른 모집단에서 각각 추출한 표본 데이터의 평균이 같다고 할 수 있는지를 알아보는 모평균 차 검정과 두 모집단의 비율에 차이가 있는지를 알아보는 모비율 차 검정이 있거든. 이들은 어떤 데이터인가에 따라 검정 방법이 달라서 좀 복잡하지만 이것도 많이 사용하는 검정이야.

음, 어려울 것 같아….
검정은 어떤 흐름으로 판정하는 거지?

대충 말하자면 우선 가설을 세우는 거야. 귀무가설(H_0)과 대립가설(H_1)을 각각 정하는 거지.

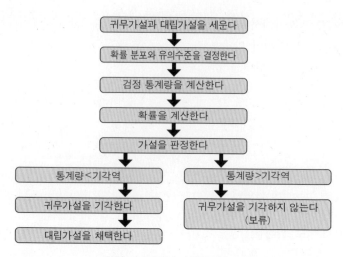

그림 5.5 대략적인 가설검정의 흐름

그 다음에는 가설을 검정하기 위해 '어떤 확률 분포를 사용할 것인가' 그리고 '어느 정도의 확률로 판단할 것인가' 하는 기준을 정해야 하는데, 이 경우는 유의수준을 정하는 거지.

준비가 됐으면 귀무가설 아래서 검정의 기준으로 채용되는 통계량인 검정 통계량을 계산해야 해.

그리고 귀무가설 아래서 검정 통계량이 관측될 확률을 계산하는 거지.

얻은 결과로부터 가설을 판정하는 건데, 확률이 기준보다 작으면 귀무가설을 기각(가설을 버리고 이후 거론하지 않는 것)할 수 있어. 이렇게 해서 대립가설이 맞다고 판정하는 거야.

이에 반해 확률이 기준보다 큰 경우는 증거 불충분으로 기각되지 않는다(=어느 쪽이 옳은지는 모른다)고 생각할 수 있어.

전부 처음 듣는 말이잖아. 마치. 수수께끼 푸는 것 같네……

자세한 건 나중에 구체적인 예를 들어 설명해줄게. 지금은 대충 흐름만 머리 속에 넣어 두면 돼.

 가설검정은 통계학에서 흔히 사용하는 방법이다. 그런데 귀무가설은 처음에 가설을 설정하고, 가설이 맞다는 조건으로 생각해서 모순이 발생했을 경우에 가설이 잘못됐다고 판단하는 배리법(어떤 명제가 참임을 직접 증명하는 대신 그 부정 명제가 참이라고 가정하여 그것의 불합리성을 증명함으로써 원래의 명제가 참인 것을 보여주는 간접 증명법. 귀류법이라고도 한다)이기 때문에 이해하기 어려울 수 있다. '처음부터 증명하고 싶은 가설을 검증하면 좋을 텐데'라고 생각하기 쉽지만 증명하고 싶은 가설을 세우기란 그리 쉽지 않다.

 크래머의 연관계수 값을 구했을 때를 생각해보자. 두 변수 사이의 연관성을 평가할 경우 '0.8~1.0 사이에 있으면 매우 강하게 연관되어 있다', '0.25 미만이면 매우 약하게 연관되어 있다(관계가 없다)'라고 평가했다. 하지만 이것은 계산해서 값이 얻어졌기 때문에 할 수 있는 판정이다. 그러나 가설을 세우는 단계에서는 전혀 짐작할 수가 없다.

 그런 상태에서 '강하게 연관되어 있다'거나 '약하게 연관되어 있다'라고 짐작으로 가설을 세우기는 어렵다. 또 너무 많은 가설이 세워지는 것도 난점이다. 그렇게 되면 검정하기가 힘들어진다. 그래서 유일하게 증명할 수 있는 '연관이 없다'라는 가설을 부정함으로써 판정하는 것이다.

낭이 선배~ 검정은 참 어려운 것 같아.

어렵긴 하지…. 그래서 통계학을 싫어하는 사람은 이쯤에서 포기하는 경우가 많아. 하지만 검정(테스트)도 하지 않은 통설 같은 것만으론 도움이 안 되잖아?

맞아. 숫자로 확실히 평가하면 깔끔하고 신뢰할 수 있을 것 같긴 해…

바로 그런 거야! 그러니까 조금만 더 노력해볼까?

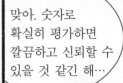

알기 쉽게 설명해 줄 테니까

이번에는 다른 설문조사 결과로 만든 분할표를 사용해서 독립성 검정(=카이제곱 검정)으로 추측해보자.

카이제곱

난 주워온 거잖아…

이거 흥미로운 설문조사네~

고양이를 키우는 사람 300명이 있다. 이들은 고양이와 어떻게 만났는가?

	주웠다	분양 모집	구입	합계
여성	67	41	45	153
남성	83	12	52	147
합계	150	53	97	300

고양이를 키우는 사람들 전원의 성별과 만난 방법의 크래머의 연관계수 값은 0보다 큰가, 아닌가?(관련되어 있는가)를 카이제곱 검정으로 추측한다. 유의수준은 0.05로 한다.

우선은 다시 한 번 독립성 검정에 대해 확실히 설명해줄게.

고양이를 키우는 사람 300명은 고양이와 어떻게 만났는가?				
	주웠다	분양받았다	애완동물 가게 등에서 구입했다	합계
여성	67	41	45	153
남성	83	12	52	147
합계	150	53	97	300

 정말 알기 쉽게 설명해줘~.

 알았어~.
그리고 요전에도 설명했듯이 독립성 검정은 카이제곱 검정이라고도 해.

전에 정규분포에 대해서 공부했잖아. 분포에는 이외에도 몇 가지가 더 있어. 예를 들면 카이제곱 분포가 있거든. 평균 μ, 분산 σ^2의 정규분포를 따르는 모집단에서 표본 데이터를 추출하고 평균값에서 차이의 크기를 제곱하는 거지. 그 제곱한 값을 많이 모아 분포를 만들었을 때 생기는 것이 카이제곱 분포야. 그리고 이 분포는 자유도에 따라서 달라지지.

 자유도?

자유도는 데이터의 분산에 작용하는 요인의 수를 말하는 거야.
구체적으로는

자유도=(분할표의 행의 개수−1)×(분할표의 열의 개수−1)

와 같은 식으로 구할 수 있어.

행과 열, 뭐가 행이고 뭐가 열이야?

하하하. 행과 열을 외우는 방법이 있는데 해볼래?

행(行)은 옆으로
나란히 있는 것

열(列)은 세로로
나란히 있는 것

그림 5.6 행과 열 외우는 방법

가로와 세로네. 그리고 이번 경우는 가로가 주웠다, 분양받았다,
애완동물 가게나 키우는 사람한테 구입했다의 3가지이고, 세로는
여성, 남성의 2가지네.

그래. 그러니까,

$$자유도=(3-1)\times(2-1)=2\times1=2$$

이야.

일반적으로 n개의 정규분포에서 분산을 꺼내서 만든 분포는 자유도 n의 카이
제곱 분포가 돼. 자유도가 1일 때는 0이 가장 크고 수가 커짐에 따라 점점 작
아지지. 그리고 자유도가 커지면서 아래 그래프처럼 산 부분이 서서히 오른쪽
으로 낮아져.

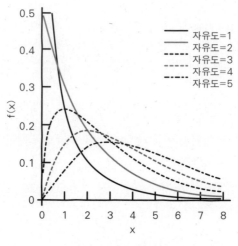

그림 5.7 카이제곱 분포

자유도에 따라 분포가 다르다는 건가? 복잡하네….

그냥 그렇구나 정도로만 알아두면 돼.

그러면 이제 카이제곱 값을 구해볼까?

$$카이제곱\ 값 = \frac{(실측도수-기대도수)^2}{기대도수}$$

의 총합이야.

🐱 아, 크래머의 연관계수를 계산했을 때 나온 χ_0^2이네.

😺 맞아. 앞에서와 같은 식으로 계산해보자.

우선 기대도수를 계산하면,

고양이를 키우는 사람 300명은 고양이와 어떻게 만났는가?			
	주웠다	분양받았다	애완동물 가게 등에서 구입했다	합계
여성	$\dfrac{153 \times 150}{300} = 76.50$ …①	$\dfrac{153 \times 53}{300} = 27.03$ …②	$\dfrac{153 \times 97}{300} = 49.47$ …③	153
남성	$\dfrac{147 \times 150}{300} = 73.50$ …④	$\dfrac{147 \times 53}{300} = 25.97$ …⑤	$\dfrac{147 \times 97}{300} = 47.53$ …⑥	147
합계	150	53	97	300

😺 알기 쉽게 기대도수를 번호에 대입하면

$$\frac{(\text{실측도수}-\text{기대도수})^2}{\text{기대도수}}\ \text{는},$$

고양이를 키우는 사람 300명은 고양이와 어떻게 만났는가?		
	주웠다	분양받았다	애완동물 가게 등에서 구입했다
여성	$\dfrac{(67-①)^2}{①}$	$\dfrac{(41-②)^2}{②}$	$\dfrac{(45-③)^2}{③}$
남성	$\dfrac{(83-④)^2}{④}$	$\dfrac{(12-⑤)^2}{⑤}$	$\dfrac{(52-⑥)^2}{⑥}$

😺 실제로 계산하면 다음과 같아.

고양이를 키우는 사람 300명은 고양이와 어떻게 만났는가?		
	주웠다	분양받았다	애완동물 가게 등에서 구입했다
여성	$\dfrac{90.25}{76.50} = 1.1797$	$\dfrac{195.16}{27.03} = 7.2202$	$\dfrac{19.98}{49.47} = 0.4039$
남성	$\dfrac{90.25}{73.50} = 1.2279$	$\dfrac{195.16}{25.97} = 7.5149$	$\dfrac{19.98}{47.53} = 0.4204$

$$\text{카이제곱 값} = \frac{(\text{실측도수}-\text{기대도수})^2}{\text{기대도수}} \text{의 총합}$$

$$= 1.1797 + 7.2202 + 0.4039 + 1.2279 + 7.5149 + 0.4204 = 17.9670$$

힘든 건 마찬가지지만 해보니까 어쨌든 되긴 되네. 엄청 큰 값이네.

 그래. 이제, 이 값을 토대로 검정해보자.

17.9670이라는 카이제곱 값이 나올 확률로 판단하는 거야. 그러려면 판단 기준이 되는 유의수준을 결정해야겠지. 보통 유의수준은 0.05나 0.01로 하는 것이 일반적이야. 이번에는 0.05로 해보자.

여기까지 정해지면 이제 카이제곱 분포표가 나올 차례야.

 카이제곱 분포표?

 표준정규분포를 공부할 때 표준정규분포표라는 것이 있었잖아?

카이제곱 분포에서도 카이제곱 분포표라는 게 있어.

표 5.8 카이제곱 분포표

상측 확률 / 자유도	0.100	0.050	0.025	0.01	0.005
1	2.706	3.841	5.024	6.635	7.879
2	4.605	5.991	7.378	9.210	10.597
3	6.251	7.815	9.348	11.345	12.838
4	7.779	9.488	11.143	13.277	14.860
5	9.236	11.070	12.833	15.086	16.750
6	10.645	12.592	14.449	16.812	18.548
7	12.017	14.067	16.013	18.475	20.278
8	13.362	15.507	17.535	20.090	21.955
9	14.684	16.919	19.023	21.666	23.589
10	15.987	18.307	20.483	23.209	25.188

 왼쪽 끝이 자유도이고, 상단이 유의수준이야. 이번 사례에서는 자유도가 2이고 유의수준이 0.05니까?

 음, 5.991이네!

 그래. 자유도가 2인 카이제곱 분포를 따르는 확률변수 χ^2의 상측 5% 점은 5.991이 된다는 거야. 즉, 확률변수 χ^2은 95%의 확률로 $\chi^2 \leq 5.991$이 된다는 걸 말하지. 이 데이터의 분포와 유의수준으로 얻을 수 있는 회색 부분을 기각역이라고 해. 가설검정에서 귀무가설을 기각할지의 여부를 판정하는 기준이 되는 영역인 거지.

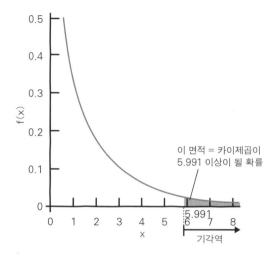

그림 5.8 자유도가 2인 경우의 기각역

 으응. 그런데 계산한 카이제곱 값은 17.9670이잖아. 5.991보다 상당히 크네?

그렇구나. 귀무가설에 따르면 $\chi^2 \leq 5.991$이 될 거야. 그런데 이번에 얻은 $\chi^2 =$ 17.9670은 그 범위를 넘는 셈이지. 따라서 '데이터에서 얻어진 χ^2 은 우연히 얻었다고는 생각하기 어려울 정도로 값이 크다'는 결론이 나오고, 5% 유의수준에서 귀무가설이 기각돼. 즉 '성별과 만나는 방법에는 확실한 차이가 있다'고 할 수 있지.

 오오~!

그리고 또 하나, p값도 검정 판단을 할 때 사용해.

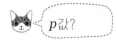 p값?

p값(유의확률)이란 귀무가설 아래서 검정 통계량이 그 값이 될 확률을 말하는 거야. p값이 작을수록 검정 통계량이 그 값이 되는 일은 별로 없다는 것을 의미하지. 그러니까 유의수준보다 p값이 작으면 귀무가설은 기각되는 거야. 요즘은 p값을 산출해서 검정 판단을 하는 일이 많아. 컴퓨터로 간단히 p값을 계산할 수 있으니까.

헷갈릴 테니까 지난번에 설명한 검정 절차에 따라서 정리해볼게.

- 먼저 가설을 세운다.
- 귀무가설 H_0: 고양이를 키우는 사람 전원의 성별과 만나는 방법에는 관련이 없다.
- 대립가설 H_1: 고양이를 키우는 사람 전원의 성별과 만나는 방법에는 관련이 있다.

그런 다음에는 자유도와 유의수준을 정하는 거야. 이번에는 자유도 2, 유의수준 0.05.
검정 통계량=카이제곱 값을 계산해. 이번에는 17.9670으로 해보자.
카이제곱 값과 카이제곱 분포표로 판정하는 거야. 이번의 카이제곱 값 17.9670은 자유도 2, 유의수준 0.05일 때의 카이제곱 값 5.991을 크게 상회해서 기각역에 들어가 있어. 그러니까 귀무가설은 기각되는 거야.
즉, '성별과 만나는 방법에는 뚜렷한 차이가 있다. 따라서 뭔가 이유가 있다'고 할 수 있지.
이번의 카이제곱 값 17.9670은 유의수준 0.01일 때의 카이제곱 값 9.210조차 크게 상회해. 1% 미만의 기각역에도 들어가 있어 '고양이를 기르는 사람 전원의 성별과 만나는 방법과 관련이 없다'고 하는 귀무가설이 정말로 기각되어 '고양이를 기르는 사람 전원의 성별과 만나는 방법에는 관련이 있다'고 하는 대립가설이 채택되는 거야.

> 야~, 성취감이 느껴지네~.
> 그런데 그 이유라는 게 뭘까???

생각해봐. 남자들은 고양이를 분양받으면서 아무런 생각이 없는 걸까? 아니면 분양하는 측이 남성을 싫어하는 걸까? 흥미가 생기네.

하지만 남자들은 '원래는 고양이를 좋아하지 않았지만 그냥 주워온 후 고양이가 좋아졌다'는 경우가 많은 것 같아. 게다가 텔레비전이나 인터넷에서 화제의 고양이는 순혈종이 많으니까 애완동물 가게나 애완동물을 키우는 사람에게서 구입하는 방법을 선택했을지도 모르지.

> 그럴지도~. 흥미롭네.
> 검정은 어렵지만 수치로 판정할 수 있는 건 역시 신뢰가 가는 것 같아.

사실 카이제곱 검정은 두 가지가 있다. 하나는 이번에 소개한 독립성 검정으로 두 변수에 관련이 있는지, 없는지 판단하는 것이다. 또 하나는 적합도 검정이다. 이 검정은 귀무가설의 기대도수에 대해, 실제 관측 데이터의 적합도를 검정하는 것이므로 자신의 해석 내용에 부합하도록 구분해서 사용해야 한다.

검정은 어려웠지만 역시 정확하게 판정할 수 있다는 건 대단한 것 같아.

붑붑

그렇지. 세상에는 불확실하고 잡다한 통설도 많지만

정확하게 수치화해서 검정한 결과라면 근거가 있는 데이터니까 더 큰 실험이나 검증도 가능하지.

고양이를 입양하는 사람이 더 늘었으면 좋겠다.

난 이제 길고양이로 돌아가기 싫어…

그래 그래. 유기 고양이나 길고양 이를 데려다 키우기는 힘들지만

이미 보호를 받으며 입양을 기다리는 고양이도 많으니까.

우리처럼 순혈종도 버려지거나 입양할 사람을 찾기도 하거든.

저를 받아 주세요.

뭐 필요할 땐 사서 키우다 이젠 버리는 거야!?

무슨 이유인지 모르지만 심한데…

이사하면서 키울 수가 없게 된 경우도 있고 알레르기가 생기거나 자신의 아이가 생겨 키울 수 없게 되는 경우도 있어. 결혼 상대가 싫어해서 키울 수 없게 되는 경우도 있고…

으음, 입양할 사람을 찾아준다면 좋으련만……

슬프다! 다들 행복했으면 좋겠는데…

2017년에 살처분한 고양이는 3만 4,854 마리나 되니까.

그렇게나!? 너무해!!

하지만 실제로 보호하는 게 더 힘드니까.

길들여지지 않은 길고양이가 있는가 하면

바스락

뭐야 이 거대한 생물은

병이나 부상으로 비싼 치료비가 들기도 하고

수유 봉사

몇 시간 간격으로 수유가 필요한, 태어난 지 얼마 안 된 새끼고양이도 있어.

고양이의 수가 너무 많아 보호 하거나 입양한다고 해서 다 해결되지 못하는 것 같아.

일시적으로 포획해서 피임 수술 후에 풀어주는 활동도 있기는 하지만…

그것만으로 문제를 해결할 수는 없고…

난 냐오 쌤한테 발견되어 정말 운이 좋구나.

아작 아작

바스락 바스락

고양이 간식

자고 있는 냐오 쌤을 깨워 돕게 한 것은 나야.

맞다! 그랬지!

고마워!!

냐옹♪

175

음, 고양이는 기본적으로 무리지어 있는 걸 좋아하지 않고 사람을 두려워하는 경우도 많으니까 격리시켰다가 조금씩 익숙해지게 해야 하는데, 그렇게 하기가 힘드니까 아직 일반고양이 카페가 많긴 하지.

냐~~~~옹

갑자기 많은 사람들과 대면하는 건 스트레스야

일반 고양이 카페?
보호 고양이 카페
서로 다른 거야?

일반 고양이 카페에는 사람도 잘 따르고 특히 귀엽게 생긴 우호적인 고양이 종이 많으니까

차를 마시면서 접촉해보는 거야.

너무 만지거나 껴안는 건 안 돼

온화하고 귀여운 우리들 스코티시 폴드와

여러 고양이가 있지

노는 걸 좋아하고 사람을 잘 따르는 아메리칸 쇼트헤어

긴다리

먼치킨

화려하고 멋진 노르웨이숲고양이

몸집이 엄청 큰 메인쿤

코가 납작한 이그저틱 쇼트헤어

177

아무튼 나라면 분명 인기가 좋았을 텐데~
보호 고양이 카페가 더 많이 늘어나서 분양이 잘 되면 좋겠다~.

그러게 말이야. 요즘은 냥이처럼 사람을 잘 따르는 보호 고양이도 순혈종과 함께 고양이 스태프가 되어 있기도 해. 보호 고양이 카페도 조금씩 늘어나고 있는 것 같긴 하지만.

냐오 쌤이 얼마 전에 설문조사를 했는데 그 대부분은 보호 고양이 카페의 협력을 받은 거래.
그 설문조사 데이터를 사용해서 검정에 대한 공부를 조금만 더 해볼까?

뭐!? 검정에 대한 공부를 또 한다고!?

보호 고양이들의 몸무게 데이터를 사용해보면 재미있을 것 같아서.

아니~. 카이제곱 검정을 공부했으니까 t검정도 알아두면 좋잖아. 맛만 볼 거니까 조금만 더 힘내!

카이제곱 검정 다음은 t검정인가….
제발 쉽게 설명해주세요….

그래 알았어. t검정은 두 그룹의 평균값에 차이가 있는지 알아보는 검정이야.
여러 종류가 있는데, 예를 들어 독립된 두 모집단에서 추출한 표본 데이터의 평균에 차이가 있는지의 여부를 검정하는 경우는 2표본 t검정이라고 해.
그리고 두 데이터가 '대응이 있는 데이터'인지 '대응이 없는 데이터'인지에 따라 검정 통계량 산출 방법이 달라.

앗! 왠지 좀 복잡하게 느껴지는데~.

대응이 없는 데이터란 다른 모집단에서 추출된 두 표본을 말하는 거야. 예컨대 A보호 고양이 카페와 B보호 고양이 카페에서 추출된 몸무게 데이터라든가. 그리고 대응이 있는 데이터는 같은 모집단에서 추출된 '쌍'이 되는 두 표본을 말해. 예를 들어 어떤 보호 고양이 카페의 고양이 스태프의 '보호 시 몸무게 데이터'와 '보호한 지 1년이 지났을 때의 몸무게 데이터'라든가.

역시~.
before·after군. 보호 시엔 아주 깡마른 경우가 많으니까.

맞아. 그 밖에도 수집한 데이터의 평균과 기존 모평균을 비교하는 1표본 t 검정이라는 것도 있어. 예를 들어 어떤 보호 고양이 카페에 있는 고양이들의 몸무게 평균값과 이미 데이터가 마련되어 있는 전국 고양이의 평균 몸무게의 차이 같은 게 있어.

응, 이제야 뭐가 뭔지 좀 알겠네.

전에 '표본은 많을수록 좋다. 표본 수가 매우 많으면 정규분포가 되지만 30 이하 소표본이면 정규분포를 나타내지 않는 일도 있다'고 말한 거 기억하니? 정규분포를 이용한 추정은 표본 수가 많은 경우나 모분산을 알고 있는 경우에는 적용할 수 있거든.
하지만 실제로는 데이터가 적거나 모분산을 모르는 경우는 정규분포에 따르지 않으니까 t 분포를 사용하는 거야. 다시 말하면 소표본의 경우는 정규분포 대신 t 분포를 사용해서 추정하는 거지.

어, 카이제곱 분포 같네. 그렇다면 t 분포에도 t 분포표가 있다는 거야?

그래. 눈치 빠르네.

t 분포 그래프는 0을 중심으로 해서 좌우 대칭이 되지. 그러니까 좌우로 펼쳐진 모양이야. 그리고 자유도가 커지면 확산은 작아지거든. 그러니까 자유도가 30 이상이 되면 정규분포와 거의 구별할 수 없게 돼. 그래서 전에 표본은 30 이상이 좋다고 했던 거야.

과연, 그렇구나.

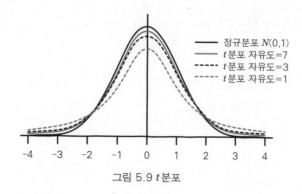

그림 5.9 *t*분포

여기서 일단락 짓고 실제로 계산해보자.
어느 보호 고양이 카페에서 추출한 고양이 10마리의 몸무게 데이터를 사용해
볼까.

	몸무게
고양이 스태프 1	3.2
고양이 스태프 2	3.7
고양이 스태프 3	4.2
고양이 스태프 4	2.8
고양이 스태프 5	4.1
고양이 스태프 6	3.9
고양이 스태프 7	4.4
고양이 스태프 8	3.0
고양이 스태프 9	3.6
고양이 스태프 10	4.6
합계	37.5
평균	3.8

전국 고양이의 평균 몸무게는 3.6~4.5kg인데, 여기서는 그 중간을 취해서 4.1kg
이라고 하자.
그럼, 검정을 시작해볼까.

① 가설을 정한다.
- 귀무가설 H_0: 어느 보호 고양이 카페의 고양이 스태프 평균 몸무게와 전국 고양
  이 평균 몸무게는 차이가 없다.
- 대립가설 H_1: 어느 보호 고양이 카페의 고양이 스태프 평균 몸무게와 전국 고양
  이 평균 몸무게는 차이가 있다.

▍② 유의수준을 정한다.

😺 5%로 하자.

▍③ 검정할 때 사용할 값을 계산한다.

😺 t검정의 경우는 t값을 계산하는 거야.
모집단의 평균(μ_0)과 표본의 평균(μ)이 동일한지 여부를 판단하는 경우 모집단의 표본분산을 σ^2로 해서

$$t값 = \frac{(\mu - \mu_0)}{\sqrt{\dfrac{\sigma^2}{(n-1)}}}$$

와 같이 구할 수 있지.
우선, 분산을 구해보자.

	몸무게	편차	편차제곱	편차제곱 합	분산
고양이 스태프 1	3.2	-0.6	0.36		
고양이 스태프 2	3.7	-0.1	0.01		
고양이 스태프 3	4.2	0.4	0.16		
고양이 스태프 4	2.8	-1.0	1.00		
고양이 스태프 5	4.1	0.3	0.09	3.31	0.331
고양이 스태프 6	3.9	0.1	0.01		
고양이 스태프 7	4.4	0.6	0.36		
고양이 스태프 8	3.0	-0.8	0.64		
고양이 스태프 9	3.6	-0.2	0.04		
고양이 스태프 10	4.6	0.8	0.64		
합계	37.5		3.31		
표본 평균	3.8				

$$t값 = \frac{(\mu - \mu_0)}{\sqrt{\dfrac{\sigma^2}{(n-1)}}} = \frac{(3.8-4.1)}{\sqrt{\dfrac{0.331}{(10-1)}}} = \frac{-0.3}{0.191775331515234}$$

$$= -1.564330498764743 ≒ -1.56$$

 t값이 −1.56이네. 어! 마이너스가 됐는데?

마이너스를 빼고 절대값으로 보아도 돼.

 음. 마이너스를 빼고 1.56으로 하면 된다는 거야?

 그래. 그럼 *t*분포표를 보자. 맨 왼쪽의 것이 자유도이고 상단이 양쪽확률의 유의수준이야.

표 5.9 *t*분포표

		양쪽확률의 유의수준 *p*				
		0.1	0.05	0.02	0.01	0.001
	1	6.313752	12.70620	31.82052	63.65674	636.6192
	2	2.919986	4.302653	6.964557	9.924843	31.59905
	3	2.353363	3.182446	4.540703	5.840909	12.92398
자	4	2.131847	2.776445	3.746947	4.604095	8.610302
유	5	2.015048	2.570582	3.364930	4.032143	6.868827
도	6	1.943180	2.446912	3.142668	3.707428	5.958816
f	7	1.894579	2.364624	2.997952	3.499483	5.407883
	8	1.859548	2.306004	2.896459	3.355387	5.041305
	9	1.833113	2.262157	2.821438	3.249836	4.780913
	10	1.812461	2.228139	2.763769	3.169273	4.586894

 양쪽확률?

 그것에 대해서는 나중에 설명해줄게.

 자유도는 (10-1) 해서 9이고 유의수준은 5%이니까, 0.05인 곳을 보면 2.262네.
1.56는 2.262보다 작으니까 기각역에 들어가지 않은 거고.

 그러니까 귀무가설 '어느 보호 고양이 카페의 고양이 스태프 평균 몸무게와 전국 고양이 평균 몸무게는 차이가 없다'는 기각되지 않겠네.

 그래 맞아.
그럼 이제 양측검정과 단측검정이 뭔지 알려줄게.

양측검정의 경우는

● 귀무가설 H_0: 어느 보호 고양이 카페의 고양이 스태프 평균 몸무게와 전국 고양
  이 평균 몸무게는 차이가 없다.

반면 대립가설은 $\mu_0 \neq \mu$, 즉 차이가 있어. 좀 더 구체적으로 말하면 '전국 고
양이의 평균 몸무게보다 무겁다', '전국 고양이의 평균 몸무게보다 가볍다' 모
두 포함되지.
이게 '차이가 없다'가 5% 확률일 경우 '무겁다 2.5%', '가볍다 2.5%'를 합쳐서
5%라는 거야.

 이에 반해 단측검정의 경우는

● 귀무가설 H_0: 어느 보호 고양이 카페의 고양이 스태프 평균 몸무게는 전국 고양
  이 평균 몸무게보다 무겁다.

대립가설은 '전국 고양이의 평균 몸무게보다 가볍다'야.
이것은 '무겁다'가 5% 확률일 경우 '가볍다가 5%'라는 말이지.

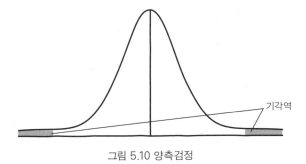

그림 5.10 양측검정

그림 5.11 단측검정

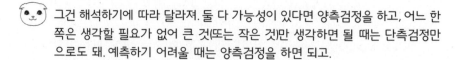
에구, 복잡해….
어떻게 구분해야 하는 거야?

 그건 해석하기에 따라 달라져. 둘 다 가능성이 있다면 양측검정을 하고, 어느 한 쪽은 생각할 필요가 없어 큰 것(또는 작은 것)만 생각하면 될 때는 단측검정만 으로도 돼. 예측하기 어려울 때는 양측검정을 하면 되고.

그렇구나. 이번 경우는 무겁다·가볍다 둘 다 가능성이 있으니까 양측검 정이 좋겠네.

그렇지. 그리고 t 분포표는 양측검정과 단측검정 양쪽 값이 제시되어 있으니까 구분해서 쓸 필요가 있어. 여기서 양측검정 값을 사용하려고 한 것은 무겁다· 가볍다 양쪽 다 가능성이 있기 때문이지. 냥이가 말한 대로 말이야.

 역시!

이것이 1표본 t 검정이야.
2표본 t 검정의 경우 '대응이 있는 데이터'일 때와 '대응이 없는 데이터'일 때 는 계산법이 좀 달라.
대응이 있는 t 검정의 경우는 같은 모집단이니까 1개의 t 분포로 생각하는 거야.

$$t값 = \frac{평균차}{\sqrt{\dfrac{표본분산}{(데이터\ 개수\ -1)}}}$$

이에 반해 대응이 없는 t 검정의 경우는 다른 2개의 모집단이니까 2개의 t 분포 로 생각하는 거야.

$$t값 = \frac{평균차}{\sqrt{추정\ 모분산 \times \left(\dfrac{1}{A\ 그룹의\ 데이터\ 개수} + \dfrac{1}{B\ 그룹의\ 데이터\ 개수}\right)}}$$

로 구해.

$$추정\ 모분산 = \frac{(A\ 그룹의\ 편차제곱합\ +B\ 그룹의\ 편차제곱합)}{\{(A\ 그룹의\ 데이터\ 개수\ -1)+(B\ 그룹의\ 데이터\ 개수\ -1)\}}$$

우와, 더는 무리야!

 하하하. t검사에는 몇 가지 종류가 있으니까 잘 구분해서 사용해야 해.
t분포 그래프와 t분포표를 사용해서 가설을 검정하는데, 양측검정을 할지 단측검정을 할지도 고려해야 해.
한꺼번에 많은 걸 이해하기는 힘드니까, t검정은 이런 느낌이라는 정도만 머리에 넣어두는 게 좋아.

 네~. 이제 더 이상은 힘들어서 못하겠어.

t검정도 카이제곱 검정(chi-square test)과 마찬가지로 많이 사용하는 검정 방법이다. '자신이 조사하고 싶은 것', '어떤 데이터인가' 등을 고려해 상황에 따라 사용하면 된다.

 증가하는 고양이의 입양

냥이 선배가 '2017년에 살처분한 고양이는 3만 4,854마리'라고 말했듯이 유기 고양이나 길고양이가 많아 살처분하는 고양이가 놀랄 만한 숫자에 이르렀다. 살처분되는 고양이를 줄이려고 많은 사람들이 애쓰고 있지만 고양이의 입양처를 찾기란 그리 쉽지 않다. 고양이를 보호하는 데도 한계가 있다. 때문에 아직도 살처분되는 고양이가 있는 것이다. 이런 가운데 무리하지 않고 지속 가능한 형태로 고양이를 돕는 단체가 늘고 있다. 앞서 소개한 보호 고양이 카페는 보호해야 할 고양이의 피난처인 동시에 보호받고 있는 고양이의 입양을 기다리는 장소이기도 해서 고양이 카페형 개방 쉼터로 주목받고 있다. 입양을 기다릴 때 새끼고양이는 비교적 입양처를 찾기가 수월하다. 그런데 어른고양이의 입양처는 찾기가 쉽지 않다. 새끼고양이가 귀엽다거나 어릴 때부터 키워야 길들이기 쉽다는 등의 이유가 있기 때문이다. 그래서 주인을 찾기가 힘든 어른고양이의 입양을 늘리기 위해 고양이 아파트나 고양이 셰어하우스도 등장하고 있다.

개에 비해 고양이는 키우기가 덜 힘들고 수월해 고령자에게는 최고의 반려동물이 될 수 있다. 그런데 고양이의 평균 수명은 해마다 늘고 있다. 이제는 평균 수명이 15살을 넘을 정도가 되었다. 수명이 늘어난 만큼 끝까지 책임지고 고양이를 키울 수 있을지 자신 없어 하는 사람도 있다.

그 대응책으로 끝까지 책임지고 기를 수 없게 된 경우에는 대신 키워주는 시스템을 도입한 보호 고양이 카페도 있다. 새끼고양이가 아니라 어른고양이가 있는 고양이 아파트나 고양이 셰어하우스에서는 고령자가 키우기 때문에 고양이가 느끼는 불안을 다양한 형태로 지원하기도 한다.

이런 시스템이 더욱 발전했으면 좋겠다.

제 6 장

데이터를 보면 알 수 있는 것
회귀분석

깜놀!?

냥이
왜 그래?

아메리카너구리다!
나도 예전에 아메리카
너구리한테 쫓긴
적이 있는데 너무
사나워서 무서웠어.

냐웅

아메리카너구리는
특정 외래 생물로
지정되어 있어
'방제'하고 있을
텐데

우~

좀처럼
줄어들지
않는 것 같아.

휙

오키나와나 ㅇㅇ의 지역에서만 그렇지!

'방제'가
뭐야?

주로 다음과 같은
세 가지 방법으로
피해를 예방하는 거야.
개체 수를 줄이는 '구제', 확산·
침입을 방지하는 '예방', 피해의
예방·경감을 도모하는 '계발'

아메리카
너구리의
피해라면?

우선 농림수산업 피해

아파!

수박이나
멜론

아드득

옥수수

양식 물고기

기묘한 수법으로 과일이나
작물을 망쳐놓기도 하고...

닭

그리고 생태계 피해

멸종위기종으로 개체 수가 감소하고 있는 생물들에 대한 피해는 심각한 것 같아.

왜가리 등의 물새 알

내부 파괴! 나 분뇨 오염

지붕 밑에 살면서

애완동물을 습격하기도 하고

도룡뇽

문화재 파손

음식을 훔쳐가기도 하고

남생이 손발만 먹기도 하고...

인간의 생활환경 피해도 늘고 있어.

감염증도 무서워.

아메리카너구리는 개나 고양이, 사람뿐만 아니라 모든 포유류에 감염 우려가 있는 광견병의 매개가 되거든.

지금은 광견병은 근절되었지. 아메리카너구리 회충도 사육되고 있는 개체에서만 발견되고 있고 말이야.

만약 야생 너구리가 이들에 감염되기라도 하면···.

안 돼~

원래 애완동물로 자란 너구리라도

냥이가 말한 것처럼 사납기 때문에 버려지는 경우가 많아. 그러면 야생 너구리로 돌아가니까 증가하는 거지.

191

구제(驅除)라는 건 그러니까….

덫으로 잡아 안락사시키는 거야.
원래 일본에는 없었는데 애니메이션의 영향으로 북미에서 일본으로 데려온 거지. 기를 수 없게 되면 버리고 늘어나면 죽이고…. 정말 그냥 보고 있을 수만은 없는 일인 것 같아.

아메리카너구리만이 아니야.
사슴, 멧돼지, 원숭이는 3대 해로운 동물이라고 해서 전국적으로 구제하거든. 아마미오시마와 오키나와에서는 몽구스를 구제하고 사람을 덮친 곰도 그렇게 하지. 구제하는 동물은 꽤 많아.

 참 냉혹하네.

그래. 사실 우리 고양이도 호주에서는 구제 대상이야.

 그래!?

고양이는 뛰어난 사냥꾼이라 너구리보다 많은 소형 동물을 사냥하거든.
일본에서도 세계 유산인 오가사와라 제도 등에서는 그 지역에만 있는 희소 동물을 지키기 위해 고양이를 포획하고 있지.

 포획이라. 우리 엄마도 그렇게 되었을까….

그렇지 않을 거야. 호주와 오가사와라 제도에서 포획하는 고양이는 사람의 힘을 빌리지 않고 자기 힘으로 사는 들고양이거든.

들고양이?

그래. 고양이와 고양이의 엄마는 쓰레기를 뒤져 먹었지?
가끔은 인간에게 먹이를 받아 먹기도 했겠지? 그런 식으로 인간에 의존해서 사는 고양이는 길고양이(도둑고양이)라고 해서 들고양이와 구별하거든.
일본의 경우는 잡아서 안락사시키지는 않는 것 같아. 잡아서 그 지역에서 없애는 것을 목적으로 하니까 말이야. 포획 후에는 불임수술을 하고 길들여서 입양처를 찾는 경우가 많아.

엄마와 헤어졌을 때의 상황을 말해줄 수 있겠니? 아픈 기억이겠지만….

 항상 밥을 주는 아주머니가 있는 공원에 갔을 때 먹이가 들어 있는 철망 상자가 있었어. 엄마는 조심하면서 그 상자 안으로 들어갔는데 갑자기 입구가 닫혀서 못 나오게 되었어.
그러고 나서 늘 밥을 주던 아주머니가 와서 엄마를 박스째로 들고 가 버렸어.
난 엄마를 쫓아갔지만 놓치고 말았어. 그 후 찾아다니다가 그만 쓰러져서….

 그랬구나. 항상 밥을 주던 아주머니가 잡아갔다면 희망은 충분히 있을 것 같은데…….

 정말!?

 주인 없는 고양이를 잡아 불임수술을 한 뒤 입양할 사람을 찾아주는 활동을 하는 자원봉사자가 꽤 있거든.
냥이의 엄마를 데리고 간 아주머니도 아마 자원봉사자일 거야.

 그럼 어쩌면 엄마가 살아 있을 수도 있겠네!?

 그럴 가능성이 높아. 의외로 근처에서 소중하게 키우고 있을지도 모르지.

 정말!? 그렇다면 좋겠는데!

 그럼 3대 해로운 동물에 해당하는 곰이나 너구리도 보호할까?

 아쉽게도 그런 일은 거의 없어.
고양이는 사람이 길들인 가축 중에서도 애완동물로 사람들한테 사랑을 받고 있으니까 특별히 취급하는 거야.

그렇구나……. 가혹하네.
어느 정도나 구제될까? 기준이라는 게 있을까? 언젠가는 구제하지 않아
도 되는 날이 올까?

 그 누구라도 구제하기는 싫을 거야.
필요 최소한만 하고 싶겠지. 그 때문에 통계학 지식을 사용해서 구제해야 할 수
를 산출하기도 해. 피해를 막아야 하니까.

 아, 구제할 때도 통계학 지식을 활용하는구나!?
그럼 머지않아 구제를 하지 않아도 되는 날이 오겠네!?

 뭐, 그리 간단치 않다는 게 안타깝기는 하지만.
통계해석으로 산출한 목표 포획 수에 도달하지 못하는 등 아직 해결해야 할 과
제가 남아 있는 것 같긴 해.
쥐에 대한 포획 조사를 설명할 때 말했듯이 덫을 피해 도망치는 트랩 샤이 개
체가 고양이와 너구리 같은 식육목에는 특히 많으니까.

그렇구나. 힘들겠네.

그래도 구제에만 의존할 것이 아니라 방제도 포기하지 않고 계속할 필요가 있
지. 지금도 통계해석 연구는 계속하고 있거든. 바르게 해석하기 위해서 말이야.
예를 들어 얻어진 데이터를 바탕으로 미래를 예측하는 방법의 하나로 회귀분
석이라는 게 있거든.

그런데 회귀분석은 책으로 1권이나 쓸 수 있을 정도로 내용이 어려워. 여기서는
회귀분석이 어떤 것인지만 알아보자.

기본의 '기'만 알아도 되니까 알기 쉽게 설명 부탁해요~.

회귀분석은 변수 x(원인)가 변수 y(결과)에 미치는 영향을 알기 위한 방법이야.
회귀분석에는 여러 종류가 있는데, 단순회귀분석이 가장 기초니까 그것부터 설
명해줄게.

단순회귀분석은 설명변수가 하나인 회귀 모델이야. 설명변수라는 건 x를 말하
고. 참고로 설명변수가 2개 이상인 것은 다중회귀분석이라고 해.

이 설명변수를 하나의 회귀 모델 식으로 나타내면

$$y=ax+b$$

라는 일차식이 되는데,

이 식의 y를 목적변수라고 해.

 그리고 이 식처럼 x와 y 사이의 관계를 직선이나 곡선의 식으로 나타낸 것을 회귀직선이라고 하지. 단순회귀분석 그래프는 직선이니까 선형회귀분석이라고 도 해.

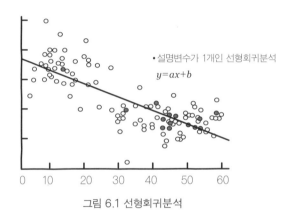

그림 6.1 선형회귀분석

 으음. 또 모르는 단어들이 잔뜩 나왔는데, 느낌으로는 그게 뭔지 알 것 같아. 점점 수치가 올라가거나 내려가는 직선 그래프잖아?

 그래 맞아. 참고로 a는 기울기. +는 점점 수치가 올라가는 직선, -는 점점 수치가 내려가는 직선이야. 그리고 b는 절편인데, x가 0일 때 y의 값이야. 중학교 수학에서 배우는 간단한 일차함수지.

 회귀식을 사용하면 원인이 결과에 미치는 영향의 정도를 수치화할 수 있거든. 예측하는 데도 응용할 수 있고.
광고비와 매출의 관계, 기온과 차가운 음료수 매출의 관계, 이런 것들이 흔한 예야.

 하지만 우리들 고양이는 더워도 차가운 음료수를 마시지 않아. 그러니까 캣 푸드 광고비가 매출에 어떤 영향을 미치는지 그래프로 만들어볼까.

텔레비전 광고에서 자주 보는 캣 푸드는 먹어 보고 싶지 않니?

 응! 귀에 남는 음악을 듣거나 맛있게 먹고 있는 영상을 보면 먹고 싶어지는 건 당연하지.

 맞아 맞아. 그럼 만일 냥이 선배표 시니어 고양이용 헬시 캣 푸드를 출시한다고 하자. 얼마나 광고비를 들이면 목표 매출액에 도달할 수 있을지를 조사한다고 하자. 이 경우 광고비는 원인이 되니까 변수 x이고, 매출액은 결과니까 변수 y가 되는 거야.

 지금까지 판매된 비슷한 캣 푸드의 데이터를 바탕으로 그래프를 그리고 회귀식을 구해보자.

표 6.1 광고비와 매출

매출(y: 만 원/월)	73	76	87	83	96	75	80	81	70	89
광고비(x: 만 원)	25	28	35	32	46	26	29	30	22	37

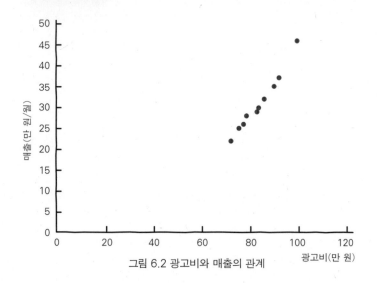

그림 6.2 광고비와 매출의 관계

 오호~, 거의 직선으로 올라가네!

그래프를 그렸으니까 이제는 이 회귀식 파라미터(기울기와 절편)를 추정해보자.
최소제곱법이라는 방법을 사용해볼게.

최소제곱법을 어떻게 사용하는데?

관측값과 예측값의 차를 잔차라고 하거든. 이 잔차를 제곱한 것을 더한 잔차제
곱합이 최소가 되도록 파라미터 값을 정하는 게 최소제곱법이야.
단계를 밟아 계산해볼까.

지금 아는 건 관측값뿐이야. 그러니까 우선은 관측값으로부터 회귀직선을 구
해야겠지.
회귀직선을 $y=ax+b$로 할 때 a와 b를 구하려면 다음과 같이 해야 해.

$$a = \text{편차곱의 합} \div x\text{의 편차제곱합}$$
$$b = y\text{의 평균값} - (a \times x\text{의 평균값})$$

응. 왠지 편찻값을 구했을 때와 비슷한 느낌인데….

그렇지. 구체적으로 계산해보자.

x (광고비)		
데이터	편차	편차제곱
25	-6	36
28	-3	9
35	4	16
32	1	1
46	15	225
26	-5	25
29	-2	4
30	-1	1
22	-9	81
37	6	36

합계	310
평균	31

434 ←x의 편차제곱합

y (매출)		
데이터	편차	편차제곱
73	-8	64
76	-5	25
87	6	36
83	2	4
96	15	225
75	-6	36
80	-1	1
81	0	0
70	-11	121
89	8	64

합계	810
평균	81

편차		편차의 곱
x	y	
-6	-8	48
-3	-5	15
4	6	24
1	2	2
15	15	225
-5	-6	30
-2	-1	2
-1	0	0
-9	-11	99
6	8	48

493 ←편차곱의 합

그림 6.3 광고비와 매출의 편차곱의합

우와, 나왔다! 먼저

　　a=편차곱의 합÷x의 편차제곱합

이니까

　　a=493÷434=1.1359447…≒1.135945

　　b=y의 평균값−(a×x의 평균값)

이니까

　　b=81−(1.135945×31)=81−35.214295=45.785705≒45.78571

　　y=1.135945x+45.78571

나왔다!!

그래. 그렇다면 이 회귀식에 몇 가지 실제 값을 대입해 예측값을 계산해보자.

표 6.1 예측값

$b+a \times x = y$(예측값)	Y(실측값)
45.78571+1.135945 × 25=74.184335	73
45.78571+1.135945 × 28=77.59217	76
45.78571+1.135945 × 35=85.543785	87
45.78571+1.135945 × 32=82.13595	83
45.78571+1.135945 × 46=98.03918	96

 실측값과 예측값을 비교해보면 다소 차이는 있지만 거의 가까운 값이 되네!

 그렇구나. 그러니까 이 회귀식은 예측하는 데 사용할 수 있다고 판단해도 되는 거야.

그럼 냥이 선배표 시니어 고양이용 헬시 캣 푸드의 매출 목표액을 월 100만 원이라고 하자. 광고비를 얼마나 쓰는 것이 좋을까?

 음,

$$45.78571+1.135945 \times x=100$$
$$1.135945x=100-45.78571$$
$$x=54.21429 \div 1.135945=47.726157 \cdots \fallingdotseq 48만 원$$

광고비는 대략 48만 원을 쓰면 되겠네. 잘 팔리면 좋겠다～.

 매출에 대한 상식적인 광고비 비율을 생각하면 과다 사용이긴 하지만. 하하하.

회귀직선을 $y=ax+b$로 할 때
a=편차곱의 합÷x의 편차제곱합
$b=y$의 평균값$-(a \times x$의 평균값)
으로 구할 수 있다.

회귀식이 정해졌다 해도 그 회귀식을 예측에 사용할 수 있는지 확인하기 위해 관측값과 실측값을 비교해보는 것이 좋다.

야생생물에 의한 피해① 해충

야생생물에 의한 피해는 다양하다. 야생생물의 취급 및 대책도 여러 가지로 생각할 수 있다. 그렇지만 위험 생물에 대해서는 철저한 대책이 필요하다. 병을 매개하는 생물과 독이 있는 생물 등은 특히 그렇다.

한 예로 2014년 여름 일본의 수도권을 중심으로 뎅기열이 발생했다. 뎅기열은 흰줄숲모기나 열대줄무늬모기에 의해서 매개된 뎅기 바이러스가 인간에 감염되어 발병한다. 하지만 뎅기 바이러스가 지금까지는 문제된 적이 없었다. 모기는 겨울을 나지 못하기 때문이다. 뎅기 바이러스를 가진 모기는 겨울이 되면 사멸한다.

그러나 해외 뎅기열 발생지에서 뎅기 바이러스에 감염되어 귀국한 후 모기에 물리면 상황은 달라진다. 뎅기 바이러스를 가진 모기가 뎅기 바이러스를 다른 사람에게 감염시키는 일이 발생하기 때문이다. 이렇게 해서 발생한 2014년 뎅기열 감염은 69년 만에 일본에서 뎅기열 감염증을 확인한 사례였다. 뎅기열에 감염되면 38도 이상의 고열과 두통, 근육통과 관절통 등의 여러 증상이 나타나며, 몸에 붉은 발진이 생기는 일도 있어 전국 각지에서 모기 퇴치운동이 벌어지기도 했다.

또 하나의 예는 2017~2018년에 걸쳐 일본에서 발견되어 전국을 발칵 뒤집어놓았던 붉은불개미다. 남미가 원산지로 외래종인 붉은불개미는 알칼로이드 계열의 독을 품고 있다. 그 때문에 쏘이면 심한 통증과 수포 모양으로 부어오른다. 또한 아나필락시스 쇼크(독에 대한 강한 알레르기 반응)가 일어나기도 한다. 이외에도 원산지가 중국인 붉은등거미 등도 역시 문제가 되고 있다.

이들 외래종이나 해충에 의한 피해는 인간은 물론 생태계에 미치는 영향도 염려되기 때문에 신속하게 대응해야 한다. 하지만 구제 방법에는 주의할 필요가 있다. 모기 같은 해충 구제 방법으로는 살충제 살포가 일반적이지만 살충제는 해충에게만 해당되는 것이 아니다. 대부분의 생물에도 살충제는 동일한 효과를 발휘한다. 그 결과 멸종 위기에 있는 생물이나 사람에게 이로운 익충까지 사멸하는 경우도 적지 않다. 게다가 살충제로 해충을 일시적으로 줄일 수는 있지만 근절시킬 수는 없다. 그렇기 때문에 살충제 사용을 환경오염을 일으킨다는 이유로 문제를 제기하는 사람도 있다.

모기에 대해서는 발생을 예방하는 방안이 장려되고 있다. 모기 유충(장구벌레)은 수심 2mm 정도의 조그만 웅덩이에서도 발생한다. 화분 받침 접시에 고인 소량의 물에서도 모기가 생기는 것이다. 그러니까 주변의 고인 물은 없애는 것이 좋다. 또한 하수구나 개천 등은 청소하고, 잡초가 자라 있으면 제거해서 물의 흐름을 좋게 해야 한다.

뎅기열은 바이러스에 감염된 사람을 문 모기가
다른 사람을 물면 감염이 확산된다.

📖 Column 야생생물에 의한 피해② 3대 해로운 동물

냥이 선배가 소개해준 동물 피해도 많은 과제가 산적해 있다. 사슴, 멧돼지, 원숭이 같은 3대 해로운 동물은 전국 곳곳에서 피해가 보고되고 있어 방제가 이루어지고 있다. 해로운 동물이 문제시된 지 오래지만 피해는 여전히 남아 있다.

사슴, 멧돼지, 원숭이의 3대 해로운 동물 피해에 대해 각각 살펴보자.

사슴에 의한 피해는 농업 피해도 막대하지만 무엇보다 삼림 파괴가 문제되고 있다. 예를 들면 나무껍질을 벗기는 박피 피해가 있다. 키 작은 초본으로 구성되는 하층 식생이 사슴에게 먹혀 소실된 사례도 많이 보고되고 있다. 그 결과 식물의 개체 수 감소는 물론 산토끼 등의 소형 초식동물의 먹이를 빼앗아 소형 초식동물의 개체 수 감소로 이어진다. 그뿐 아니라 연쇄적으로 소형 초식동물을 잡아먹는 맹금류나 육식 동물도 영향을 받아 악순환에 빠지게 된다. 게다가 식생이 소실되고 민둥산이 되면 토양의 유출 등도 발생한다. 숲의 공익적 기능(숲이 인간 사회에 주는 공공의 이익)에도 영향을 줄 우려가 있어 심각하다.

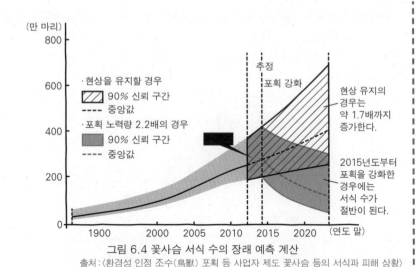

그림 6.4 꽃사슴 서식 수의 장래 예측 계산
출처 : 〈환경성 인정 조수(鳥獸) 포획 등 사업자 제도 꽃사슴 등의 서식과 피해 상황〉

사슴의 방제에는 2종류가 있다. 하나는 엽총으로 사살하거나 덫으로 포획해서 구제하는 것이고 또 하나는 전기 울타리 등에 의한 식생과 농작물 보호, 사슴이 싫어하는 기피제를 사용하는 예방이다. 하지만 안타깝게도 피해를 완전히 없애지는 못하는 실정이다. 구제에 나서고 있는 사람들이 고령인 데다 전기 울타리 설치 오류 같은 문제가 있기 때문이다.

멧돼지의 피해에는 2종류가 있다. 하나는 농작물의 식충이나 논밭을 망쳐놓는 농작물 피해이고 또 하나는 멧돼지의 위협으로 사람이 피해를 입는 것이다. 멧돼지로 인한 농작물 피해는 곡물과 과수, 고구마, 죽순 등을 먹어 치우는 직접적인 식충이다. 또한 땅 속의 지렁이 등을 먹을 때 논밭을 해치는 간접적인 식충도 있다. 멧돼지는 흙을 멋대로 파헤친다. 멧돼지가 땅 속의 생물을 먹은 흔적은 규모가 큰 것이 특징이다. 식해는 아니지만 논밭뿐만 아니라 잔디를 관리해야 하는 골프장 등도 피해를 입고 있다.

멧돼지의 방제도 사슴처럼 구제와 예방이 실시되고 있다. 그렇지만 사슴의 방제와 마찬가지로 멧돼지도 피해를 근절시키지는 못하고 있다. 멧돼지는 사슴과 달리 인간을 덮치기도 해 위험하다. 한편 멧돼지에게 먹이를 주는 사람이 있다는 것도 골치 아픈 문제가 되고 있다.

요즘에는 구제한 사슴이나 멧돼지를 식재료로 활용하는 방안에 주목을 하고 있다. 나도 산에서 조사하던 중에 사냥꾼들이 줘서 멧돼지를 몇 번 먹어본 적이 있는데 아주 맛이 좋았다. 특히 막 잡은 사슴의 심장은 일품이다. 그냥 구제하는 데 그칠 것이 아니라 음식으로 유효하게 활용하는 것도 생각할 수 있다.

원숭이의 피해도 막심하다. 원숭이는 무리 지어 밭과 과수원으로 몰려와 농작물을 해친다. 그로 인해 발생하는 농작물 피해는 아주 심각하다. 사슴이나 멧돼지와 달리 재주가 있어 높은 곳도 쉽게 올라갈 수 있는 데다 맛있는 부분만 뜯어먹고는 버리기 때문이다. 원숭이는 때로 인가에 침입하기도 한다. 사람에게서 물건을 빼앗거나 인간에게 위해를 가하는 일도 있어 심각한 문제가 되고 있다.

원숭이 피해를 막기 위한 대책으로는 예방이 중요하다. 예를 들면 전기 울타리를 이용한 예방이다. 하지만 원숭이는 높은 곳에 잘 올라간다. 전기 울타리를 설치한다고 해도 설치 방법에 신경을 써야 한다. 그래서 다양한 방법으로 예방을 하고 있다. 원숭이를 발견하면 산으로 쫓아내기도 하고, 훈련을 받은 몽키 도그를 이용해 산으로 내몰기도 한다.

원숭이의 구제는 덫을 사용한 포획이 중심이다. 다소 차이가 있기는 하지만 원숭이를 포획한 후에는 대부분 총으로 쏘아 죽인다. "사슴이나 멧돼지는 예전부터 사냥꾼들의 사냥감이었다. 그렇기 때문에 구제를 의뢰받고 잡는 수가 늘었을 뿐이다. 하지만 원숭이의 경우는 정말 잡기가 싫다"는 말을 수렵회(행정담당자의 의뢰를 받고 사슴과 원숭이를 구제한다)를 통해 들은 적이 있다. 원숭이는 인간과 비슷하다는 것이 그 이유인 것 같다. 덫으로 포획한 원숭이 총살을 의뢰받았을 때 원숭이가 마치 목숨을 구걸하듯이 손을 모으고 애원하는 것처럼 보여서 괴로웠다고 토로하기도 했다. 정말 원숭이가 목숨을 구걸했는지는 모른다. 그렇지만 그 이야기를 들은 후 원숭이를 볼 때마다 그 광경이 떠올라서 나도 마음이 무거웠다.

사슴, 멧돼지, 원숭이는 외래 생물과 달리 일본에 예로부터 존재했던 재래종(일부 멧돼지는 국내로 이동한 것도 있지만)이다. 구제로 인해 사슴이나 멧돼지, 원숭이의 개체 수가 너무 줄어들면 다시 문제가 될 수 있다. 사슴, 멧돼지, 원숭이도 생태계의 일원으로서 균형을 이루도록 개체군을 관리해야 한다. 모든 야생생물의 방제도 그렇지만 구제는 필요 최소한으로 하고 예방도 포함시켜 방제하는 것이 바람직하다고 할 수 있다.

고양이가 생태계에 미치는 영향

예전에는 풀어놓고 기르는 방목 고양이를 흔히 볼 수 있었다. 그런데 지금은 도심부를 중심으로 고양이를 완전히 실내에서 키워야 한다는 인식이 지배적이다.

다음과 같은 3가지 이유에서다.

1. 고양이를 위해: 교통사고나 질병으로부터 고양이를 지키기 위해
2. 사람들을 위해: 작은 새를 위협하거나 쓰레기를 헤집어 놓는 행위로 인해 발생하는 주위 사람들과의 트러블을 방지하기 위해
3. 생태계 보전을 위해: 야생동물을 고양이로부터 지키고 다른 식육목과의 경쟁을 피하기 위해

고양이는 외래종이고 세계적으로도 '침략적 외래종 워스트 100'으로 지정되어 있다고 제1장에서 언급했다. 몸은 작지만 뛰어난 사냥꾼인 고양이는 재래 생태계에 서식하는 작은 동물에 악영향을 준다.

구체적인 예로 오키나와와 아마미오시마, 오가사와라 제도의 경우를 살펴보자. 고양이가 오키나와와 아마미오시마에서 멸종위기종인 얌바루 흰눈썹뜸부기(일본 오키나와 섬 북부의 고유 새), 아마미검은멧토끼, 오키나와가시쥐 등을 포식하고 있는 것으로 밝혀졌다.

나는 고양이가 얌바루 흰눈썹뜸부기를 포식한다는 사실을 홋카이도대학 대학원에서 공부하던 시절에 알게 되었다. 얌바루 흰눈썹뜸부기 깃털이 섞인 똥을 내가 개발한 분자 유전학적 수법으로 DNA 감정을 해본 것이다. 그랬더니 그 똥이 고양이 똥인 것으로 드러났다. 즉, 고양이가 얌바루 흰눈썹뜸부기를 포식한다는 사실이 과학적으로 증명된 것이다.

한편 센서 카메라 촬영에 의해서도 고양이가 얌바루 흰눈썹뜸부기와 오키나와 가시쥐를 포식한다는 사실이 밝혀졌다. 오키나와와 아마미오시마뿐 아니라 오가사와라 제도에서도 고양이가 갈색얼가니새를 포식하는 모습이 카메라에 잡혔다. 이들도 결정적 증거이다.

냥이 선배가 소개했듯이 인간에 의존하지 않고 스스로 먹이를 찾아 살아가는 고양이는 들고양이로 취급해 포획하고 있다. 멸종위기종을 지키기 위해서다. 하지만 호주처럼 구제하지는 않는다. 일본에서는 포획한 들고양이는 애호동물로 길들인 후에 입양을 보낸다. 이런 점은 일본이 잘하는 일이라고 나는 생각한다. 하지만 입양을 보내는 데도 한계가 있다. 새끼고양이라면 몰라도 어른고양이는 입양을 보내기 어렵다. 그러므로 들고양이 입양에는 많은 지원이 필요하다고 할 수 있다.

이러한 들고양이의 포획과 동시에 고양이의 완전한 실내사육과 피임, 철저한 거세 수술과 유기 방지도 필수다. 들고양이뿐 아니라 야외에 있는 모든 고양이는 야생동물을 습격할 가능성이 있다. 그 때문에 방목 고양이와 길고양이, 버림받는 고양이 숫자도 줄일 필요가 있다. 일본 족제비 같은 소형의 희소 토종 식육목을 길고양이가 살상하거나 쫓아내는 모습도 눈에 띄기 때문이다.

고양이라고 하는 외래종이 생태계에 미치는 영향을 줄이려는 노력이 필요한 때다. 고양이를 지키고 사람에 대한 피해를 막기 위해서다. 더 이상 고양이를 살처분하는 일이 없도록 하기 위해서도 또한 야생동물이나 생태계를 지키기 위해서도 노력해야 한다. 고양이의 완전한 실내사육과 철저한 불임수술, 유기 방지가 고양이는 물론 인간과 생태계에도 좋은 영향을 미칠 것이다. 이런 사회가 빨리 구축되었으면 좋겠다.

흰배숲쥐를 잡은 고양이

회귀분석으로 예측할 수 있는 게 많네. 참 편리하다~

그래. 하지만 추정된 회귀식이 관측 데이터에 얼마나 들어맞을지 확인할 필요가 있어.

어떻게 확인하는데?

결정계수라는 지표를 사용하는 거지.

기여율이라고도 하는데 회귀식의 적합도를 재는 척도야.

결정계수는 일반적으로 R^2으로 나타내지. 0에서 1까지의 값으로 표현되는데 1에 가까울수록 잘 들어맞는다고 할 수 있어.

$0 < R^2 < 1$

끄덕~ 끄덕~

계속해서 캣 푸드 광고비와 매출을 회귀식으로 생각해보자.

잘 부탁해요~

결정계수를 구하려면 실제 데이터로 추정된 회귀식으로부터 초변동, 회귀변동, 잔차 변동, 이 3가지를 구해야 해.

실제 데이터를 (x_i, y_i), 회귀식으로 추정된 데이터를 $(\hat{x}_i, \hat{y}_i)$, 데이터 전체에서 요구되는 평균값을 $(\bar{x}_i, \bar{y}_i)$으로 한다.

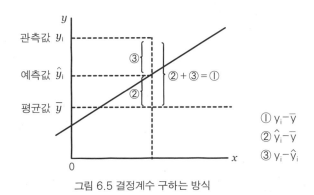

그림 6.5 결정계수 구하는 방식

총변동은 실제 데이터와 데이터 전체의 평균값 차를 말하는 것이다.

위의 그래프로 말하자면 ①이야.

회귀 변동은 추정된 회귀식으로 얻은 예측값과 데이터 전체의 평균값 차로 ②가 이에 해당하지.

잔차 변동은 실제 데이터로 추정된 회귀식으로부터 얻어진 예측값과의 차로 ③이 이에 해당해.

즉, ①=②+③이 되는 거지.

그리고 이들 변동은 제곱합으로 해서 산출하는 거야.

 음. 말은 어려운데, 그래프를 보니까 감이 잡히네.

결정계수 R^2 는

$$R^2 = \frac{\text{예측값으로 설명된 변동}}{\text{총변동}}$$

$$(0 \leq R^2 \leq 1)$$

으로 구할 수 있어.

예측값으로 설명된 변동은 (예측값-평균값)²의 제곱합

총변동은 (관측값-평균값)²의 제곱합

즉,

$$R^2 = \frac{\text{회귀변동②}}{\text{총변동①}}$$

이야.

그리고 결정계수 식은 잔차를 이용하여

$$R^2 = 1 - \frac{\text{잔차제곱합}}{y \text{의 편차제곱합}}$$

즉,

$$R^2 = 1 - \frac{\text{잔차변동③}}{\text{총변동①}}$$

이라고도 할 수 있지.

이 방식이 일반적이라는 의견도 있어.

음… 어렵다.

천천히 단계적으로 풀어보자. 먼저 총변동①이야.

표 6.2 총변동

관측값 y	y 의 편차 $(y-\bar{y})$	y 의 편차제곱 $(y-\bar{y})^2$
73	-8	64
76	-5	25
87	6	36
83	2	4
96	15	225
75	-6	36
80	-1	1
81	0	0
70	-11	121
89	8	64
합계 810		576 ←총변동①
평균 81		y 의 편차제곱합↑

다음은 회귀변동②야. $\bar{y}$=81로 계산해보자.

표 6.3 회귀변동

예측값 $\hat{y}$	Y의 편차 $(\hat{y} - \overline{y})$	$\hat{y}$의 편차제곱 $(\hat{y} - \overline{y})^2$
74.184335	-6.815665	46.453289
77.59217	-3.40783	11.613305
85.543785	4.543785	20.645982
82.13595	1.13595	1.2903824
98.03918	17.03918	290.33365
75.32028	-5.67972	32.259219
78.728115	-2.271885	5.1614614
79.86406	-1.13594	1.2903596
70.7765	-10.2235	104.51995
87.815675	6.815675	46.453425
		560.0210234 ←회귀변동②

y의 편차제곱합↑

그리고 잔차변동③

표 6.4 오차변동

관측값 y	예측값 $\hat{y}$	잔차 $y-\hat{y}$	잔차제곱 $(y-\hat{y})^2$
73	74.184335	-1.184335	1.4026493
76	77.59217	-1.59217	2.5350053
87	85.543785	1.456215	2.1205621
83	82.13595	0.86405	0.7465824
96	98.03918	-2.03918	4.158255
75	75.32028	-0.32028	0.1025792
80	78.728115	1.271885	1.6176914
81	79.86406	1.13594	1.2903596
70	70.7765	-0.7765	0.6029522
89	87.815675	1.184325	1.4026257
			15.9792622 ←잔차변동③

잔차제곱합↑

$$R^2 = \frac{\text{회귀변동②}}{\text{총변동①}} = 560.0210234 \div 576 = 0.9722587 \cdots ≒ 0.97$$

그리고

$$1 - \frac{\text{잔차변동③}}{\text{총변동①}} = 1-(15.9792622 \div 576) = 0.9722583 \cdots ≒ 0.97$$

다시 확인하면 총변동①=회귀변동②+잔차변동③이므로

$$576=560.0210234+15.9792622=576.00028 ≒ 576$$

 아~, 계산하기 힘들긴 해도 결정계수를 구하긴 했네.
그러니까, 0.97은 1에 가까우니까 회귀식이 잘 들어맞았다고 할 수 있는 거지?

 그렇지.

그런데 추정된 회귀계수가 0과 같을 경우 설명변수는 목적변수의 원인이라고 할 수 없어. 그것을 확인하기 위해 추정된 기울기가 0과 통계적으로 다른지의 여부를 t검정에서 확인하는 작업도 필요한 거야.

 검정은 이제 다 된 거 같은데….

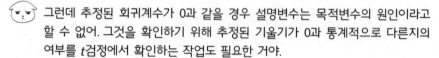 하하하. 알았어. 여기까지 하자.

결정계수는 일반적으로 R^2으로 나타낸다. 0에서 1까지의 값으로 표현되는데 1에 가까울수록 잘 들어맞는다고 할 수 있다.

설명변수가 여러 개 일 때 사용하는 다중회귀분석도 단순회귀분석과 마찬가지로 회귀식을 추정해서 예측하는 거야?

지긋

냐아이 상당히 똑똑해졌네~

그래

다중회귀분석은 하나의 목적변수에 대해 여러 요인이 있는 경우에 그 상관과 영향의 정도를 알아보는 분석이야.

캣 푸드의 매출(y)이라면 광고비(x_1)와 개발비(x_2)라든가 광고비에서도, 텔레비전 CM(x_1)과 온라인 광고(x_2)와 SNS 캠페인(x_3)이라든가

광고
맛있는 캣 푸드 — x_1

연구개발 x_2

y:매출

x_1 — TVCM

x_2 — CAT♥FOOD 온라인 광고

x_3 — SNS @nekochan 맛있는 푸드 캠페인

생물의 종수(y)에도 잘 들어맞을지 모르겠네. 서식 면적(x_1)과 생태계의 다양성(x_2)도 들어맞을 것 같고.

서식 면적이 넓으면 많은 생물종이 살 수 있고 육지에는 육지 생물이, 물가나 풀밭 등

각 생태계마다 서식하는 생물의 종이 바뀌니까 결과적으로 생태계의 다양성이 높으면 보다 많은 생물 종이 살 수 있는 거야.

흐음~

다양하게 유용할 수 있겠구나.

이것도 다중 회귀분석이 가능할까?

다이어트 해야겠네

글쎄……
목적변수(y)를 몸무게로 해서

냐오 쌤의 약점인
녹차 과자(x_1),
조깅(유산소운동)(x_2),
근육운동(무산소운동)(x_3),
단백질 섭취량(x_4)

정도로 예측할 수 있을까?

냐오 쌤
비오는 날에는

아쉽지만 조깅은 못하겠네

라고 말하면서도
집 안에서 할 수 있는
근육운동도 하지 않고…

맛차 푸딩
맛있다~

엣침

하하하하

그래 맞아!

고양이도
비만이면 건강 위험이
높아지니까 다이어트가
필요한 경우도 있지.

뽀~옹

그래도 몸무게의
증감에는 그 외에도
여러 가지 요소가 영향을
미칠 수 있으니까 예측을
해도 그대로 실행하기는
어려울 것 같아.

이야기가 옆길로 새고
말았네. 간단한
다중회귀분석
예제를 풀어볼까?

냐옹

계속
캣 푸드
매출(y)에
광고비(x_1)와
개발비(x_2)가
미치는 영향,
즉
기여도는?

엣시
시니어
FOOD

그리고 냥이 선배표
시니어를 위한 건강
캣 푸드를
베스트셀러로
만드는 거야.

냥이 선배
눈이
진지해졌네…

213

앞의 데이터에 개발비를 더해보자.

표 6.5 광고비·개발비·매출

광고비(x_1)	개발비(x_2)	매출(y)
25	51	73
28	59	76
35	62	87
32	63	83
46	77	96
26	54	75
29	57	80
30	60	81
22	49	70
37	68	89

 복잡해졌네~.

 그래. 그러니까 이번에는 엑셀을 사용해서 분석해보자.

 오~, 고급 기술을 이용하네~

 하하하. 엑셀*을 사용하면 단숨에 계산할 수 있거든.

 방법은 아주 간단해. 먼저 [데이터] 탭(그림 6.6①) → [데이터 분석](그림 6.6②)을 클릭해 [분석 툴]을 열어 대화상자가 열리면 [회귀분석](그림 6.6③)을 선택하고 [OK](그림 6.6④)를 클릭하면 돼.

---

* 이번에는 Microsoft Office 365의 엑셀로 작성했다. 애드 인 소프트웨어 (add-in software) '분석 툴'을 유효로 하지 않으면 '데이터 분석'이 열리지 않는다. 사용하는 엑셀의 버전에 따라 다소 방법이 다를 수도 있으니 설명서 등을 확인한 후 분석하기 바란다.

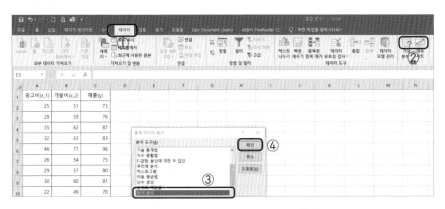

그림 6.6 엑셀로 회귀분석하는 방법①

오호~

그러면 회귀분석하는 범위를 물을 거야. y의 범위(그림 6.7①②)와 x의 범위(그림 6.7③④)를 각각 선택하고, [OK](그림 6.7⑤)를 클릭하면 돼.

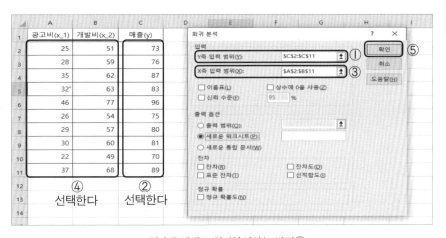

그림 6.7 엑셀로 회귀분석하는 방법②

그러면 이런 식으로 값을 얻을 수 있어.

	A	B	C	D	E	F	G	H	I	J
1	요약 출력									
2										
3	회귀분석 통계량									
4	다중 상관계수	0.986054279								
5	결정계수	0.972303041								
6	조정된 결정계수	0.964389624								
7	표준 오차	1.509656928								
8	관측수	10								
9										
10	분산 분석									
11		자유도	제곱합	제곱 평균	F 비	유의한 F				
12	회귀	2	560.0465517	280.0232759	122.8676645	3.536E-06				
13	잔차	7	15.95344828	2.279064039						
14	계	9	576							
15										
16		계수	표준 오차	t 통계량	P-값	하위 95%	상위 95%	하위 95.0%	상위 95.0%	
17	Y 절편	46.56724138	7.694054206	6.052367209	0.000514751	28.37369421	64.76078855	28.37369421	64.76078855	
18	X 1	1.174137931	0.366110513	3.207058765	0.014918858	0.308424132	2.03985173	0.308424132	2.03985173	
19	X 2	-0.032758621	0.307803022	-0.106427222	0.918229229	-0.760597112	0.69507987	-0.760597112	0.69507987	
20										

그림 6.8 분석 결과

 와아! 간단하다! 그런데 어떻게 봐야 되는 거지?

 다중회귀식을

$$y = \beta_0 + \beta_1 x_1 + \beta_2 x_2$$

라고 가정하면 β_1은 광고비(x_1)의 계수, β_2는 개발비(x_2)의 계수, β_0은 절편을 보면 돼.

 그렇구나. 그럼,

$$y = 46.567241 + 1.1741379 x_1 - 0.0327586 x_2$$

이구나.

 그래. 그리고 다중회귀분석 결정계수 $R^2 = 0.972303041$이니까 1에 가까워서 잘 들어맞는다고 판단할 수 있지.

 엑셀 참 대단하네~.

 그렇지. 이 결과를 보면 아무래도 광고비가 매출에 미치는 기여도가 큰 것 같다. 그런데 품질도 떨어지면 안 되니까 어려운 것 같아……(중얼중얼).

냥이 선배, 통계학에 대해 많이 가르쳐줘서 고마워요!
나 상당히 똑똑해진 것 같아.

 응, 열심히 잘했어. 대단해.
하지만 이번에 배운 것은 통계학의 기본 중의 기본이야. 통계학을 마스터하려면 아직도 멀었어.
모처럼 배우는 거니까 통계학 마스터를 목표로 해보자!

 뭐라고, 계속한다고~!?
잘 부탁할게요.

  엑셀을 사용하면 회귀분석은 간단히 할 수 있다. 여기서는 설명변수와 목적변수가 있는 회귀분석을 공부했다. 이외에도 목적변수가 없는 경우에 이용하는 주성분분석 등 많은 분석 방법이 있다. 대부분의 변수에 관한 데이터를 분석자의 가설을 토대로 관련성을 명확히 하는 통계적 방법을 다변량 해석이라고 한다. 다중회귀분석도 다변량 해석의 하나이다. 이 책에서는 회귀분석의 기초만 소개했다. 그 밖에도 회귀분석에는 다양한 방법이 있다. 자신의 데이터를 활용할 수 있는 분석법을 이용하여 예측해 보자.

여보세요?
아까 여쭤봤던
냐오인데요…

엄마…

2시간 후

띵동 띵동

네

깜짝

안녕하세요

냐오

?

두근

앗

앗

냥이야

엄마~
보고 싶었어!

잘됐다.
역시 엄마고양이와
새끼고양이가
꼭 닮았네.

판박이야

고양이가 좀 더 활약할 수 있는 장을 마련하자

아직도 많은 고양이들이 살처분되고 있다. 그런 가운데 보호 고양이 카페가 고양이와 사람을 연결시켜주는 멋진 역할을 하고 있다. 보호 고양이 카페가 하는 주된 활동이 입양인을 찾아주는 일이라고 하듯이 고양이는 보호받고 양육되어야 할 존재다. 그래서 나는 고양이가 활약할 수 있는 장을 더 늘릴 필요가 있다고 생각한다.

고양이의 활약이라 하면 옛날에는 쥐를 잡는 일이었다. 하지만 현대에는 활약의 초점이 '귀여움'에만 맞춰져 있는 듯한 느낌이 든다. 이에 반해 개는 안내견, 경찰견, 사냥개, 목양견 등 워킹 애니멀로서 다방면에 걸쳐 활약하고 있다. 더구나 최근에는 동물매개치료가 주목을 받게 되었다. 테라피 도그로 활약하는 개가 늘어난 것은 그 예라 할 수 있다.

고양이는 개와 달리 훈련시킬 수 없는 동물로 여기는 경우가 많다. 그래서 원래 타고난 사냥을 하는 능력과 귀여운 외형에만 스포트라이트가 비춰진다. 하지만 치유 효과가 있는 것도 널리 알려졌으면 좋겠다는 생각이 든다. 폭신폭신한 털, 부드러운 몸, 체취가 적은 귀여운 외모는 우리 인간에게 보호해주고 싶고 키우고 싶다는 욕구만이 아니라 치유 효과도 줄 수 있다. 자꾸만 만지면 싫어하는 고양이도 물론 있다. 그래서 사람들은 고양이와 잘 지내는 방법을 공부하면서 고양이와 원만한 관계를 쌓는다. 그러면 인간의 정신적 성장을 촉진할 수도 있다.

애니멀 테라피(동물매개치료) 시스템이 도입되고 있는 의료현장뿐 아니라 아동양호시설이나 양로원에서 활약할 수 있는 시스템이 갖춰진다면 고양이에게도 기대할 수 있지 않을까? 고양이가 어린이의 정신적인 성장에 좋은 영향을 줄 수 있을 뿐만 아니라 노인에게도 큰 힘을 줄 수 있기 때문이다.

해외에서는 고양이가 교도소에서도 활약하고 있다. 미국 인디애나주의 펜들턴 교도소에서는 재소자들의 갱생 프로그램으로 고양이를 돌보는 프로그램이 도입되었다. 이 프로그램은 FORWARD(Felines and Offenders Rehabilitation with Affection, Reformation and Dedication)이라 불린다. 애정과 개선과 헌신에 의한 고양이와 재소자의 재활이라는 의미다.

교도소에서 멀리 떨어진 동물보호시설에서 고양이를 인수, 고양이용으로 개조한 방에서 키우는 것이 이 프로그램의 내용이다. 재소자들은 하루 9시간이나 고양이를 돌본다. 재소자 중에서 희망자를 모으고 면담을 통해 적성을 판단하여 돌볼 사람을 정한다. 만약 프로그램 진행 중에 트러블이 발생한 경우는 신속하게 프로그램을 중지시키고 재소자는 벌을 받게 된다.

*https://www.in.gov/idoc/2799.htm

　동물보호시설에서 보호하고 있는, 이른바 마음의 상처를 안고 있는 고양이를 마음에 문제를 안고 있는 재소자가 돌봄으로써 상호간에 정신적인 사회 복귀 효과가 있을 것으로 기대할 수 있다.

　고양이의 멋진 매력을 '능력'으로 보고, 고양이가 활약할 수 있는 장을 더 늘리면 인간도 고양이도 행복해질 것 같은 기분이 든다.

참고 문헌

블루스 포글(1998) 『고양이 도감(猫種大図鑑)』 팻라이프사

Geigy CA, Heid S, Steffen F, Danielson K, Jaggy A, Gaillard C(2007)Does a pleiotropic gene explain deafness and blue irises in white cats? Veterinary Journal. 173(3): 548-553.

Guillery RW(1969) An abnormal retinogeniculate projection in Siamese cats. Brain Res. 14: 739-741.

후루야 마스오(2009) 『흰코사향고양이·아메리카너구리_재미있는 생태와 지혜롭게 막는 법(ハクビシン・アライグマ―おもしろ生態とかしこい防ぎ方)』 농산어촌문화협회

이케다 이쿠오(2015) 『실험에서 사용하는 곳만 생물 통계 1 개정판(実験で使うとこだけ生物統計1 キホンのキ改訂版)』 요도샤

이노우에 마사오(2008) 『이거라면 할 수 있는 동물피해 대책-멧돼지·사슴·원숭이(これならできる獣害対策―イノシシ・シカ・サル)』 농산어촌문화협회

하세가와 마사미(2014) 『계통수를 거슬러 올라가면 보이는 진화의 역사(系統樹をさかのぼって見えてくる進化の歴史)』 베레출판

하야시 요시히로(2003) 『일러스트로 보는 고양이학(イラストでみる猫学)』 고단샤

히구치 히로요시(1996) 『보전 생물학(保全生物学)』 도쿄대학출판회

이노우에(무라야마) 미호, 마츠우라 나오토, 니미 요코, 기타가와 히토시, 모리타 미츠오, 이와사키 도시오, 무라야마 유이치, 이토 신이치(2002) 개의 도파민 수용체 D4 유전적 다형성과 행동 특성과의 관련. DNA 다형성 (イヌにおけるドーパミン受容体 D4遺伝子多型と行動特性との関連。DNA多型) 10,64-70.

간 타미오, 히지카타 유코(2009) 『바로 쓸 수 있는 통계학(すぐに使える統計学)』 소프트뱅크 크리에이티브

간 타미오(2016) 『엑셀로 배우는 통계분석 입문 엑셀 2013/2010 대응판(Excelで学ぶ統計解析入門 Excel2013/2010対応版)』 옴사

가미야마 쓰네오(2004) 『이것만은 알고 싶은 인수 공통 감염증-사람과 동물이 보다 좋은 관계를 쌓기 위해서(これだけは知っておきたい人獣共通感染症 ヒトと動物がよりよい関係を築くために)』 지진쇼칸

곤도 히로시, 후치가미 미키, 스에요시 마사나리, 무라타 마사키(지음), 우에다 타이치로(감수)(2007) 『엑셀로 간단 통계 분석 (분석 툴)을 사용해보자!(Excelでかんたん統計分析 〔分析ツール〕を使いこなそう!)』 옴사

곤노 도시오(2009) 『만화로 알 수 있는 통계 입문(マンガでわかる統計入門)』 소프트뱅크 크리에이티브

구리하라 신이치, 마루야마 아츠시(2017) 『통계학 도감(統計学図鑑)』 옴사

구리하라 신이치(2011) 『입문 통계학-검정에서 다변량 해석·실험 계획법까지(入門 統計学―検定から多変量解析·実験計画法まで―)』 옴사

구로세 나오코(2016) 『고양이가 이렇게 귀엽게 된 이유 ~No.1 애완동물의 진화 수수께끼를 푼다(ネコがこんなにかわいくなった理由 ～ No.1ペットの進化謎を解く)』 PHP연구소

구사노 츄지, 이시바시 노부요시, 모리 한스, 후지마키 유죠(1991) 『응용동물학 실험법(応用動物学実験法)』 전국농촌교육협회

쓰쿠나 겐지, 야마모토 케이, 후지야 요시히로, 마와타리 모모코, 하야카와 가요코, 다케시타 노조미, 가토 야스유키, 가나가와 슈조, 오마가리 다카오, 사토 도오루, 구니 준나(2015) 요요기 공원에서 감염된 것으로 여겨지는 국내 뎅기열의 증례, 감염증학 잡지; 제89권 제4호 부록

Louise J. McDowell, Deborah L. Wells and Peter G. Hepper(2018).
Lateralization of spontaneous behaviours in the domestic cat,
Felis silvestris. Animal Behaviour(2018) vol. 135, pp. 37-43.

Milla K. Ahola, Katariina Vapalahti and Hannes Lohi(2017)Early weaning
increases aggression and stereotypic behaviour in cats. Scientific Reports 7,
Article number: 10412(2017), doi:10.1038/s41598-017-11173-11175.

무라카미 고쇼(1992) 시리즈 일본의 포유류 기술편 포유류의 포획법 －소형 포유류, 설치류의 포획법, 포유류 과학(日本の哺乳類技術編 哺乳類の捕獲法―小型哺乳類, ネズミ類の捕獲法,哺乳類科学):31(2):127-137.

나카니시 다츠오(2010) 『고민하는 모두의 통계학 입문(悩めるみんなの統計学入門)』 기술평론사

나리카와 준(2017) 『엑셀로 배우는 생명보험:상품 설계 수학(Excelで学ぶ生命保険:商品設計の数学)』 옴사

고양이 백과 시리즈 편집부(2002) 『고양이의 번식과 육아 백과(ネコの繁殖と育児百科)』 성문당신광사

니카와 준이치(2003) 『고양이와 유전학(ネコと遺伝学)』 코로나사

다카하시 마코토(2004) 『만화로 배우는 통계학(マンガでわかる統計学)』 옴사

다카하시 마코토(2005) 『만화로 배우는 통계학[회귀분석 편](マンガでわかる統計学[回帰分析編])』 옴사

다키가와 요시오(2002) 『문과 학생을 위한 수학, 통계학, 자료해석 테크닉(文系学生のための数学,統計学,資料解析のテクニック)』 세무경리협회

탐신 피케럴(2014) 『세계에서 가장 아름다운 고양이 도감(世界で一番美しい猫の図鑑)』 엑스놀러지

Shimode, S., Nakagawa, S. Miyazawa, T.(2015)Multiple invasions of an
infectious retrovirus in cat genomes. Scientific Reports 5, Article number:
8164 doi:10.1038/srep08 164.

쓰즈키 마사오키(2000) 마음도 유전자에 지배되고 있다? 발전이 기대되는 동물의 성격·행동유전학, 화학과 생물(心も遺伝子に支配されている? 発展が期待される動物の性格·行動遺伝学,化学と生物) Vol. 39, No. 10, 656-659.

야마모토 요코, 마츠무라 도오루(2015) 『고양이를 구하는 일 보호 고양이 카페, 고양이 쉐어 하우스(猫を助ける仕事保護猫カフェ、猫付きシェアハウス)』 고분샤

와시타니 이즈미 (2008) 『그림으로 배우는 생태계의 구조(絵でわかる生態系のしくみ)』 고단샤

참고 홈페이지

American Association of Feline Practitioners, 2010 AAFP/AAHA Feline Stage Guidelines
https://catvets.com/guidelines/practice-guidelines/life-stage-guidelines

「Guinness World Records」
http://www.guinnessworldrecords.com/

「International Cat Care」
http://icatcare.org/

일반사단법인　애완동물사료협회(2017) 〈2017년 전국 개와 고양이 사육실태 조사결과〉
http://www.petfood.or.jp/topics/img/171225.pdf

「환경성　인정 새와 동물 포획 등 사업자 제도 꽃사슴 등의 서식과 피해 상황」
https://www.env.go.jp/nature/choju/capture/higai.html

「환경성　자연환경국 통계자료(개·고양이 인수 및 부상 동물의 수용 상황)」
https://www.env.go.jp/nature/dobutsu/aigo/2_data/statistics/dog-cat.html

「환경성　야생 새와 동물 포획 허가 제도의 개요」
https://www.env.go.jp/nature/choju/capture/capture1.html

「국립감염증연구소　〈속보〉일본 내에서 감염된 17가지 뎅기열 증례」
https://www.niid.go.jp/niid/ja/dengue-m/dengue-iasrs/5003-pr4163.html

「후생노동성　2019년 간이생명표의 개황에 대해서　참고자료 1 생명표 함수의 정의」
https://www.mhlw.go.jp/toukei/saikin/hw/life/life09/sankou01.html

「농림수산성　동물복지에 대응한 채란 닭의 사육관리 지침」
http://www.maff.go.jp/j/chikusan/sinko/pdf/layer.pdf

색인

함께 보면 좋은 성안당의 통계학 도서

만화로 쉽게 배우는
베이즈 통계학

다카하시 신 지음
정석오 감역 | 이영란 옮김
232쪽 | 17,000원

빅데이터, 기계학습으로 주목받고 있는 베이즈 통계학을 배운다!

이 책은 베이즈 통계학의 기초부터 실제 사용 예까지 설명하였다. 또한 일반적으로 통계학을 가리키는 수리통계학과 베이즈 통계학의 차이에 대해서도 언급했다. 나아가 컴퓨터 시뮬레이션에서 자주 사용되는 몬테카를로법과 쿨백 라이블러 발산에 대해서도 설명하기 때문에 실질적인 내용으로 구성되어 있다. 베이즈 통계학 및 수리통계학을 잘 모르거나 데이터 분석 부문에서 베이즈 통계가 필요한 사람에게 학습의 길라잡이가 되어 줄 것이다.

만화로 쉽게 배우는
통계학

다카하시 신 지음
김선민 옮김 | 224쪽 | 17,000원

데이터 분석과 미래의 변화를 예측한다!

이 책은 총 7장으로 구성되어 있으며, 만화를 통해 통계학의 기초 지식을 습득할 수 있다. 다양한 예제 문제를 수록하여 만화에서 익힌 지식을 문제에 쉽게 적용할 수 있도록 했다. 만화에서 설명하지 못한 부분은 보충 설명하여 지식의 깊이를 더했고, 만화적 유머와 설명으로 딱딱한 이론서가 아닌 쉽게 이해하고 볼 수 있는 통계학 입문서로서 구성했다. 기본부터 응용까지 짚어주는 단계별 학습으로 각 장의 지식을 꼼꼼히 짚어가며 학습한다면 통계학 기술을 충분히 익힐 수 있을 것이다.

만화로 쉽게 배우는
회귀분석

다카하시 신 지음
윤성철 옮김 | 224쪽 | 17,000원

수치 예측, 확률 예측, 미래 변화의 필독서!

이 책에서는 회귀분석, 중회귀분석, 로지스틱회귀분석으로 나누고, 실생활에서 응용할 수 있는 간단한 예를 통해 회귀분석에 대한 전반적인 흐름을 이해할 수 있도록 만화로 구성하였다. 또 마지막 장에는 엑셀을 활용하여 각각의 회귀분석을 실행하는 방법을 제시하였다. 회귀분석을 본격적으로 공부하기 전에 가볍게 읽어 회귀분석에 대한 전체적인 큰 줄기를 잡기에 좋은 교재이다.

만화로 쉽게 배우는
인자분석

다카하시 신 지음
남경현 옮김 | 248쪽 | 16,000원

설문지의 작성 방법과 분석 능력 향상을 위한!

이 책에서는 설문지 작성 방법에서부터 설문지 분석 방법을 실생활의 예를 통해 다루었으며, 인자분석의 전반적인 흐름을 이해할 수 있도록 만화로 구성하였다. 인자분석을 본격적으로 공부하기 전에 가볍게 읽어 인자분석에 대한 전체적인 큰 줄기를 잡기에 좋은 교재이다. 처음부터 두꺼운 인자분석 책을 잡고 헤매기보다 이 책을 통해 부담 없이 인자분석의 큰 줄기를 이해하고 좀 더 세세한 부분에 접근하길 바란다.

BM (주)도서출판 **성안당** 경기도 파주시 문발로 112 파주 출판 문화도시 | T.031-950-6300 | http://www.cyber.co.kr

쉽게 배우는
통계학

2020. 10. 29. 초 판 1쇄 인쇄
2020. 11. 5. 초 판 1쇄 발행

지은이 | 구로세 나오코
감역 | 이강덕
옮긴이 | 김선숙
펴낸이 | 이종춘
펴낸곳 | **BM** (주)도서출판 **성안당**

주소 | 04032 서울시 마포구 양화로 127 첨단빌딩 3층(출판기획 R&D 센터)
     | 10881 경기도 파주시 문발로 112 파주 출판 문화도시(제작 및 물류)
전화 | 02) 3142-0036
     | 031) 950-6300
팩스 | 031) 955-0510
등록 | 1973. 2. 1. 제406-2005-000046호
출판사 홈페이지 | www.cyber.co.kr
ISBN | 978-89-315-8998-6 (13410)
정가 | 17,000원

이 책을 만든 사람들
책임 | 최옥현
진행 | 김혜숙
교정·교열 | 김연숙
본문 디자인 | 김인환
표지 디자인 | 박원석
홍보 | 김계향, 유미나
국제부 | 이선민, 조혜란, 김혜숙
마케팅 | 구본철, 차정욱, 나진호, 이동후, 강호묵
마케팅 지원 | 장상범, 조광환
제작 | 김유석

www.cyber.co.kr
성안당 Web 사이트 ★★★

이 책의 어느 부분도 저작권자나 **BM** (주)도서출판 **성안당** 발행인의 승인 문서 없이 일부 또는 전부를 사진 복사나 디스크 복사 및 기타 정보 재생 시스템을 비롯하여 현재 알려지거나 향후 발명될 어떤 전기적, 기계적 또는 다른 수단을 통해 복사하거나 재생하거나 이용할 수 없음.

■ **도서 A/S 안내**

성안당에서 발행하는 모든 도서는 저자와 출판사, 그리고 독자가 함께 만들어 나갑니다.
좋은 책을 펴내기 위해 많은 노력을 기울이고 있습니다. 혹시라도 내용상의 오류나 오탈자 등이 발견되면 **"좋은 책은 나라의 보배"**로서 우리 모두가 함께 만들어 간다는 마음으로 연락주시기 바랍니다. 수정 보완하여 더 나은 책이 되도록 최선을 다하겠습니다.
성안당은 늘 독자 여러분들의 소중한 의견을 기다리고 있습니다. 좋은 의견을 보내주시는 분께는 성안당 쇼핑몰의 포인트(3,000포인트)를 적립해 드립니다.
잘못 만들어진 책이나 부록 등이 파손된 경우에는 교환해 드립니다.